海洋建築シリーズ

沿岸域の安全・快適な居住環境

川西利昌　堀田健治

共著

成山堂書店

本書の内容の一部あるいは全部を無断で電子化を含む複写複製（コピー）及び他書への転載は，法律で認められた場合を除いて著作権者及び出版社の権利の侵害となります。成山堂書店は著作権者から上記に係る権利の管理について委託を受けていますので，その場合はあらかじめ成山堂書店（03-3357-5861）に許諾を求めてください。なお，代行業者等の第三者による電子データ化及び電子書籍化は，いかなる場合も認められません。

まえがき

　沿岸と人類のつながりの歴史を想起してみると、地球を取り巻くオゾン層の発生により紫外放射が弱まり、海から海岸線をへて、生態系は陸上にあがることができた。そして長い年月を経て、アフリカ中央部に現代人の祖先が生まれ、世界中に拡散して行った。拡散する行程で沿岸域は重要な役割を果たした。すなわち人類は内陸から、発生の原点である沿岸域へ戻ってきたといえる。人類は何万年にもわたり、沿岸域で海の持つ恵みである食糧を得て子孫を増やし、同時に脅威である津波・高潮・強風への対処も学んだ。高所に住むこともその一つである。しかしそれら貴重な人類の教訓を、近代は一挙に葬り去った。その結果、現代は自然からの深刻な反発を受けている。私たちは未来に向けて子孫たちのために、もう一度人類の貴重な教訓を思い出し、現代の知識を加えて再構築する必要がある。

　2011年3月東北地方を襲った津波により、太平洋の沿岸域に生きる人々の尊い命が失われた。また沿岸域に立つ建築物は大きな被害を受けた。沿岸域は人間にとって危険な地域ではあるが、同時に人間を生かす地域でもある。人類は海から食糧を得て生存してきた長い歴史があり、日本でも沿岸域に多数の建築物が存在し何千万もの人々が生活している。日本は海岸が入り組んでおり、海岸線が極めて長く、その建築空間としての利用の仕方も多様である。沿岸域の建築物とは、沿岸域の持つ特性の影響を受ける建築物をいう。沿岸域という風土にはどのような建築物が適切であるかを、著者らは建築環境工学の立場から考究してきた。近代、建築材料や建築設備の発展によって、風土を深く考察しなくても人間の居住空間である建築物が成立するようになった。その結果、寿命が短かったり、快適でない建築物も出現するなどの問題が

生じている。もう一度、風土と建築物について再考する時期が来ているといえよう。

　2015年、日本建築学会は「海洋建築の計画・設計指針」を刊行した。沿岸海域に立つ建築物について学識経験者が集まり長い討議の末、完成した計画及び指針である。本書は同書の内容を参考にし、主に海岸線や沿岸陸域に立つ建築物について、建築環境工学の立場から記したものである。とくに沿岸域が居住環境としてどのような特徴を持っているかを明らかにした。内容は、第1章沿岸域の気候、第2章沿岸域と人間、第3章沿岸域と建築、第4章沿岸域の塩分、第5章沿岸域の空気と湿気、第6章沿岸域の温熱、第7章沿岸域の光・色、第8章沿岸域の紫外放射、第9章沿岸域の災害と建築環境、から成り立っている。

　従来、沿岸域の建築物は、地理的、社会的、歴史的、技術的な制約から、沿岸域の特質を十分に生かしきっていなかった。これらの制約を乗り越えるための科学的な検討が十全でなかったからで、今後学術的進展が一層要請される。本書がその第一歩の役割を果たすべく、沿岸域に人間が居住・行動する際、配慮すべき事項を幅広く扱った。沿岸域の建築環境工学は発展途上の学問であるため、本書は教科書的記述と学術論文が混在している。学術論文は第2章第4節、第5節、第4章第2節、第7章第2節、第3節、第9章第2節にあり、学術研究の方法論を学んでいただければ幸いである。本書を基に沿岸域に安全で快適な建築物が建設されることを希（こいねが）っている。

　なお沿岸域に建築物を建設する場合に、強風、高潮、波浪、津波、土質など力学的な安全性の為に考慮すべき事項があるが、それらは構造力学の範疇にあり、海洋建築シリーズの他書に詳細に解説されている。ご参考にしていただければ幸いである。

2017年3月

川西利昌　　堀田健治

執筆分担　　川西利昌　　1.1～2.3　　3.1～4.1　　4.3～7.2　　8.1～9.2
　　　　　　堀田健治　　2.4　　2.5　　4.2　　7.3

目次

第1章　沿岸域の気候……… 1

1.1　沿岸域……… 1
　1.1.1　沿岸域の定義 / 1.1.2　沿岸海洋の基礎 / 1.1.3　海岸線と海岸地形

1.2　沿岸域の気候とクリモグラフ……… 4
　1.2.1　日本の気候 / 1.2.2　沿岸域の都市とクリモグラフ / 1.2.3　沿岸域の気象と気候区

第2章　沿岸域と人間……… 24

2.1　気候と風土……… 24

2.2　沿岸域と人間の歴史……… 27

2.3　沿岸域と生気象……… 29

2.4　沿岸域の波の音……… 33
　2.4.1　波と可聴音 / 2.4.2　沿岸域の波と超音波

2.5　タラソテラピー……… 38
　2.5.1　タラソテラピーと実験 / 2.5.2　心拍変動 / コラム

第3章　沿岸域と建築……… 44

3.1　沿岸域と建築物……… 44
　3.1.1　沿岸建築物の定義と分類 / 3.1.2　沿岸建築物と気候 / 3.1.3　沿岸域にある建築物の事例

3.2　浮遊式海洋建築物の動揺……… 55
　3.2.1　動揺と居住性 / 3.2.2　動揺の評価

第4章　沿岸域の塩分……… 60

4.1　沿岸建築物の塩害と対策……… 60
　4.1.1　建築物の塩害と距離 / 4.1.2　塩害と対策

4.2　海塩粒子と海岸形態……… 70
　4.2.1　塩害の調査 / 4.2.2　海塩粒子の捕集・分析 / 4.2.3　消波構造物背後の海塩粒子

4.3　沿岸域の飛砂……… 78
　コラム

第5章　沿岸域の空気と湿気……… 80

5.1　沿岸域の相対湿度と結露……… 80
　5.1.1　相対湿度と空気線図 / 5.1.2　建築物の結露と防止 / 5.1.3　沿岸域の相対湿度

5.2　建築材料の汚れと保守率……… 84

第 6 章　沿岸域の温熱……… *87*

6.1　沿岸域の気候とデグリーデー……… *87*

6.2　建築物と海面・地物反射日射……… *90*

　　　6.2.1　太陽直達、天空日射、反射日射の計算 / 6.2.2　沿岸建築物の外壁面の入射熱量

第 7 章　沿岸域の光・色……… *96*

7.1　海岸の景観……… *96*

　　　7.1.1　沿岸域の風景 / 7.1.2　視対象の性質 / 7.1.3　沿岸建築物と視線

7.2　海面反射光……… *104*

　　　7.2.1　サングリッタと物理的特性 / 7.2.2　サングリッタの評価 / 7.2.3　サングリッタ階級表

7.3　水中色と色彩……… *111*

　　　7.3.1　水中色の計測 / 7.3.2　水中色の変化 / コラム

第 8 章　沿岸域の紫外放射……… *118*

8.1　海浜の紫外放射被爆……… *118*

　　　8.1.1　乳幼児の行動調査 / 8.1.2　紫外放射対策に関するアンケートと提案

8.2　海浜砂の紫外反射率……… *123*

　　　8.2.1　紫外反射率の測定法 / 8.2.2　アルベド法による紫外反射率測定

8.3　海浜の紫外反射……… *128*

　　　8.3.1　海浜の紫外反射計算 / 8.3.2　建築物内の紫外放射

8.4　紫外放射防御と日除け……… *132*

　　　8.4.1　日射と紫外放射 / 8.4.2　紫外放射日除けチャートと ASPF/ コラム

第 9 章　沿岸域の災害と建築環境……… *137*

9.1　沿岸域の災害と建築環境工学……… *137*

　　　9.1.1　災害と建築環境 / 9.1.2　土壌、施設、海岸林

9.2.　海浜の放射線量……… *143*

　　　9.2.1　海浜の放射線 / 9.2.2　海浜の指向性線量率測定 / コラム

参考文献……… *150*　　　図表出典……… *162*

付録 1.　海流別の都市のクリモグラフ……… *164*
付録 2.　日本建築学会編「海洋建築の計画・設計指針」（環境関連抜粋）……… *172*
付録 3.　空気線図……… *176*
付録 4.　紫外放射日除けチャート……… *177*

索引……… *178*

Chapter 1

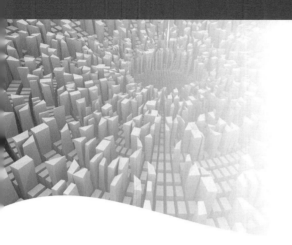

第1章 沿岸域の気候

1.1 沿岸域

1.1.1 沿岸域の定義

　子どもの頃、海浜で波と戯れた経験を持つ人は多いであろう。押し寄せる波、引いていく波、波頭には白い飛沫が舞う。水の冷たさに戸惑いながらも、すぐに慣れて手足を動かし、波間に漂う。私たち、陸上の生物は、オゾン層の形成によって紫外放射が弱まった大昔に、海中から海岸線を越え陸上にはいあがった。いわば海は陸上生物の母胎ともいえる。古代から、海は水産物を通して、人間に食糧を提供し生存を可能にしてきた。日本全国に見られる貝塚がそれを証明している。古代のみならず、中世、近代、現在に至るまで、海と陸の境界である海岸線は人間にとって重要な役割を果たしてきた。居住、交易、港湾、海岸保全、観光、交通、レジャーなど海岸線を含む空間利用が益々盛んになりつつある。海岸線を挟む陸域と海域を沿岸域といい、科学、行政など様々な立場から沿岸域の定義がなされてきた。

　沿岸域については、分野により様々な定義がなされている。日本建築学会は「沿岸域とは、海岸線を中心としたある幅の陸域（沿岸陸域）と海域（沿岸海域）からなる帯状の空間である。しかしその幅は一定しておらず、捉える視点によって異なる。異なる視点とは自然科学的視点、空間的・地形的視点、社会経済的視点などである」としている[1.1.1)]。日本沿岸域学会は「沿岸域は、水深の浅い海とそれに接続する陸を含んだ、海岸線に沿って伸びる細長い帯状の空間である。またそこには陸と海という性質の異なる環境や生態系を含み、陸は海からの、また海も陸からの影響を受ける環境特性を持っている」と説明している[1.1.2)]。国土交通省は沿岸域圏総合管理計画策定のための指針の中で、「沿岸域とは、海岸線を挟む陸域及び海域の総体をいう」と定義している[1.1.3)]。環境省は海洋生物多様性保全戦略で、沿岸域の範囲について「水深200m以浅の大陸棚海域から潮間帯を沿岸域として、人間活動の影響を強く受ける海域」と定めている[1.1.4)]。

本書では沿岸域の範囲を、建築環境工学の立場から距離別、環境分野別に次のように考える。いずれも海岸線から陸に向かう方向の距離をいう。

（1）海水の飛沫の届く範囲（数十 m～数百 m）　　　　空気環境
（2）海の匂い、潮の匂いが感じられる。（数十 m～数百 m）　空気環境
（3）塩害の起こる範囲（数 Km）　　　　　　　　　　空気環境
（4）海浜からの飛砂の範囲（数 Km）　　　　　　　　空気環境
（5）海風の及ぶ範囲（数十 Km）　　　　　　　　　　温熱環境
（6）海水温の影響が及ぶ範囲　　　　　　　　　　　温熱環境
（7）海の見える範囲（数 Km）　　　　　　　　　　　光環境
（8）波、海流の音の可聴範囲（数百 m）　　　　　　　音環境

これらの範囲は、海象、海岸地形、気候、時期によって大きく異なり、その場所によって、また目的や対象によって異なる。とくに台風来襲時には範囲は拡大する。日本国土は南北に長く、東西に極めて狭いので国土全てにわたり、海洋性気候の影響を受ける。したがって南北アメリカ、アフリカ、アジア大陸のような広大な内陸は存在せず世界規模の気候から見れば国土全体が沿岸域にあると考えられるが、本書では上述のように海洋環境要素が影響する範囲を沿岸域とする。

1.1.2　沿岸海洋の基礎 [1.1.5]

　沿岸域の気候は海の影響を受けるので、まず海に関する基礎的な知識を記す。地球の海の面積は $3.61058 \times 10^8 km^2$ で、地球の表面積の 70.8% を占める。日本の海岸線の総延長は約 35,000Km である。海水の流れには海流と潮流がある。海流は黒潮や親潮のようにいつも一定方向に流れている流れで、潮流は潮の満干によって起きる1日2回行ったり来たりする流れをいう。日本の近海には図 1.1.1 のように黒潮、親潮、対馬暖流、津軽暖流、宗谷暖流などの海流がある。季節によって流れの速さ、方向が大きく変わる。黒潮は台湾東を経て日本列島南を流れ、2ノット～3ノットある。黒潮は紀伊半島南方から、南に大きく流向を変えることがある。親潮は北海道東岸、南岸を経て本州東北地方東岸に達する。夏季に弱く0.2ノット～0.5ノット、冬季に強まり0.5ノット～1.0ノットある。対馬暖流は、対馬海峡を北上して、一部は日本本州西岸に沿って流れて、津軽海峡に至る。海流は気候、水産生物、航海などに影響を与える。海流が運んでくる海水の温度は、陸地の気候に大きな影響を与える。

　海面の周期数秒の比較的短周期の波は、近くの風によって起こされたもので風浪という。長い周期をもった波をうねりといい、周期5秒～30秒のものをいう。波は遠方からのエネルギーを海岸線ですべて発散する。海水が地球の重力と、太陽と月の引力により、水位が変化をするのを潮汐という。太陽と月の動きによって潮の干満は推算することが可能である。潮汐は地球の自転により1日2回、平均12時間25分で上下する。したがって1周期に24時間50分かかるので1日50分ずつ遅れる。

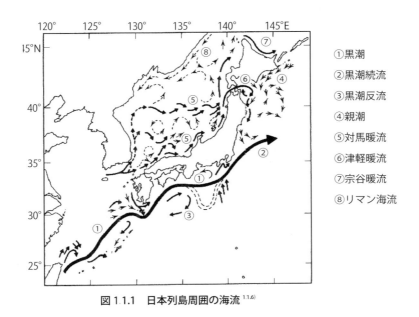

図 1.1.1　日本列島周囲の海流 [1.1.6)]

①黒潮
②黒潮続流
③黒潮反流
④親潮
⑤対馬暖流
⑥津軽暖流
⑦宗谷暖流
⑧リマン海流

　日本には北から冷たい親潮が、南から暖かい黒潮が流れてくる。暖流である黒潮は水温が15℃以上である。各海流にのって熱が供給され水温が決まる。冬は北海道南岸で水温1℃～4℃、東海地方で15℃～17℃、沖縄は21℃～22℃である。緯度が低くなるにつれて、南北方向の海水温度差は小さくなり、高緯度では水温変化が大きい。夏は、北海道南岸で13℃～19℃、東海地方で25℃～28℃、沖縄で28℃である。海水の色は、海水中の浮遊物質や生物によって決まる。赤色光線は波長が長いので、水中で吸収され、青色光線のみが浮遊物質に反射されて空気中に戻るので、海が青く見える。

　海水の密度は、単位体積当たりの質量をいい、同体積の純水との質量比を比重という。海水の比重は1.020～1.030の間であり、ほぼ1.024～1.025を示す。海水の水素イオン濃度pHは大体8前後である。海水の表面でpHは8.2～8.4になる。水素イオンの濃さは水中の炭酸ガス量に比例する。海水を化学的に分析すると、最も多いのは塩素で、ナトリウム、マグネシウムである。海水の塩分は、海水1kg中に溶けている固形物質の全量に相当する。日本近海の表面塩分は32～35であり、冬季が高く、夏季が低くなる。

1.1.3　海岸線と海岸地形

　日本の海岸線の延長は島嶼部を除くと19,000kmである。日本の海岸の地形は主に、海岸平野とリアス式海岸からなる。海岸平野は、地盤の隆起または海水面の低下によって出来た地形で、海岸線に平行になる。平野なので可住面積が大きい。海岸平野の代表的なものに千葉県九十九里浜がある。リアス式海岸は、岩手県三陸海岸のように、地盤が沈んだり、海水面の上昇によって出来た地形である。岬と入り江が交互になる。水深が深く港湾に適している。古来、自然の港湾として使われてきた。しかし津波来襲時は湾の奥に入るほど狭くなり波浪エネルギーが集中し、堤防を破壊し、人と建築物の被害が甚大となる。また海岸からすぐに傾斜地

となるため可住面積も小さい。日本では内湾に面し、広い後背地を持つ平野が都市として発展してきた。内湾なので外洋のように湾内にうねりが入らず、安全な乗降や荷役ができる。また沖合の水深が浅いため埋め立てられ、用地を造成し、工業・産業を拡張することが可能であった。日本全人口の半分が海岸線に接する都市町村に住んでいて、沿岸域が日本人の生活に深くかかわっていることが分かる。

1.2　沿岸域の気候とクリモグラフ

1.2.1　日本の気候

　気候は緯度、海抜高度、位置、地形などにより定まる。日本は中緯度にあり、位置はアジア大陸東端である。また南方から暖流が、北方から寒流が流れている島国である。平野部は少なく南北に山脈が連なる。気候の要素は温度、相対湿度、降水量、風、日射、気圧である。この内、居住の快適性に直接関係するのは温度、相対湿度、風（気流）である。

　日本列島の太平洋岸には、南西諸島から東関東付近まで暖流が北上し、北からは東北地方まで寒流が南下する。その境界はその年によって異なる。海流の熱エネルギーは大きく、列島の気温を左右する。海は熱容量が大きいので、地球の恒温性を保つ上で大きな役割を果たす。一方、陸地は太陽の日射によって、日の出と共に気温が上昇し、太陽南中を過ぎてから最高気温になり、日没に向かって気温は下降していく。日中、陸は太陽に暖められ、空気は上昇する。それを補う為に海から陸に向かい海風が吹く。夜間は陸の温度が下がり、昼とは逆に海に向かう陸風が吹く。陸地の気温変化は海の恒温性と海陸風によって緩和され、気温の年較差、日較差が小さくなる。較差とは最高値と最低値の差をいう。

　この他、夏季はしばしば南方から台風が襲来し、冬季は大陸から冷えた季節風が吹きこむ。中緯度に存在するため寒暖が繰り返される四季があるなど、日本列島の気候は多くの要因によって左右される。

　日本列島は図 1.2.1 にあるように、シベリア、オホーツク、揚子江、小笠原の 4 つの気団、黒潮、親潮、対馬、リマンの 4 つの海流に囲まれ、これらの気団、海流が季節により強くなり弱くなる極めて複雑な気象環境の中にある。

　図 1.2.2 は 1 月と 8 月の日本全国 842 地点における 1981 年〜 2000 年までの拡張アメダス気象データの時別値を用いて作成した月平均の気温分布である[1.2.1]。緯度が低い程気温は高く、暖流が流れる太平洋岸は高く、海から離れる程低くなる。1 月太平洋側は鹿児島から千葉、茨城まで 4 ℃〜 8 ℃の幅の中に入る。日本海側は対馬暖流の影響を受け 0 ℃〜 4 ℃である。沿岸域は内陸に比べて暖かいが、いずれも暖房を必要とする。8 月は太平洋側で 26 ℃〜 28 ℃になり、快適範囲から見て適度な冷房が必要とする。

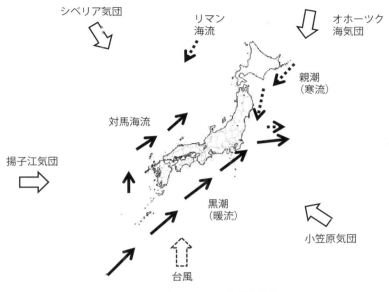

図 1.2.1　日本列島周囲の気団と海流

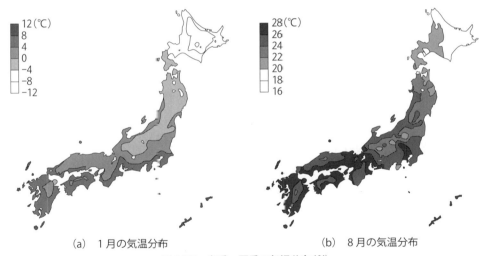

(a)　1月の気温分布　　　　　(b)　8月の気温分布

図 1.2.2　冬季、夏季の気温分布[1.2.1]

　日本の気候の特徴は大別して、海洋性気候、内陸性気候、太平洋側気候、日本海側気候、瀬戸内海気候に別けられ、それぞれの気候と建築物との関係を記す。

①海洋性気候

　海水は暖まりにくく冷えにくいので、海に接する陸の気候は、気温が上下しにくく日較差、年較差が小さい。また海面の蒸発する水蒸気により相対湿度が高くなるため、沿岸域は高湿である。日本列島の周囲には黒潮、対馬暖流、親潮など水温の異なった海流があるため、陸の気温はその影響を受け地域によって大きく異なる。

海洋性気候は気温の日較差、年較差が小さい、すなわち最高気温と最低気温の差が小さいので人体の気温変化に対する順応の負担が少なくて済む。建築物の暖冷房の範囲が少なく、設備も単純化できる。しかし日本の場合、四季があり、日射量の変化による季節間の気温差が大きく、海洋性気候の影響が従になることがある。降水量が多いので屋根の傾斜を急にして、早く雨水を地表に流し、建築物内外に水の滞留する時間を短くして湿気が高くなるのを防ぐ。建築物の湿気を防ぐには床を地面から離し、開口部を広く取り、基礎は通風口を設ける。室内の温度差を小さくして結露を防ぐ。沿岸域は風が強いので建築物前面に風除けを設けたり、雨戸を設けたりする。塩分が風に乗って来るので防錆対策を施す。

②内陸性気候

昼間、陸は太陽日射により温度が上昇し、夜間は日射が無い上、地面からの放射により温度は低下する。したがって日較差、年較差は大きい。冷暖房装置の適応範囲を広く取る必要がある。海の水蒸気は陸の奥まで届かないので相対湿度は低く、結露も少なく、塩害も無い。

③太平洋気候

日本列島の太平洋岸は、北から親潮が、南から黒潮が流れている。したがって南北の気温は大きく異なる。黒潮と親潮の境目は季節や年によって変動するが、千葉沖からさらに北方までの範囲で移動する。千葉県より以南は温暖であり、北海道は親潮により冷涼である。夏季は太平洋高気圧が発生し、降水量が多く、相対湿度も高い。また南方海域で発生した低気圧が台風となり太平洋岸を襲い甚大な被害を生じさせる。

夏季、高温高湿なので風を室内に取り入れやすくするか、高気密・高断熱にして冷暖房装置による強制的な温度、相対湿度調整を行う。冬季は温暖なので暖房設備費と燃料費は少なくて済む。台風に備え雨戸を設けたり、屋根を頑丈にする。

④日本海気候

冬季、大陸から冷たい北西季節風が日本海に吹き込み、対馬暖流と接して大量の水蒸気を吸収し、日本列島を南北に走る山脈にぶつかり、上昇させられて急激に冷える。雪になって陸地に降り、豪雪による被害をもたらす。夏になると雪が融け農業、工業用水、飲料水として役立つ。積雪対策の為屋根の傾斜を急にして雪降しをし易くしたり、寒冷に対処するために冷たい北風を防ぐ防風林を建築物周囲に植える。

⑤瀬戸内海

瀬戸内海は南北を山地に囲まれているため、盆地の気候に似て夏暑く冬寒くなることが多い。夏の夕凪で風が弱まり暑さを余計感じる。

1.2.2　沿岸域の都市とクリモグラフ

図 1.2.3 は日本全国の地上気象観測網である[1.2.2)]。観測項目は、気圧、気温、湿度、風向、

風速、降水量など。

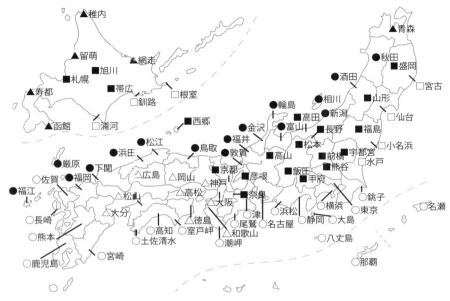

図 1.2.3　地上気象観測網 [1.2.2)]

海流別に地上気象観測地点を分類する。
○黒潮：那覇、名瀬、鹿児島、宮崎、土佐清水、高知、室戸岬、潮岬、尾鷲、津、名古屋、浜松、静岡、横浜、東京、大島、八丈島、銚子、長崎、熊本、佐賀。
●対馬暖流域：福江、厳原、福岡、下関、浜田、松江、鳥取、敦賀、福井、金沢、輪島、富山、新潟、相川、酒田、秋田。
△瀬戸内海：大分、松山、広島、岡山、高松、徳島、神戸、大阪、和歌山。
▲津軽暖流域：函館、青森。宗谷暖流域：寿都、留萌、稚内、網走。
□親潮：釧路、根室、浦河。黒潮・親潮混合域：水戸、小名浜、仙台、宮古。
■内陸部：西郷、奈良、京都、彦根、高山、飯田、松本、長野、高田、甲府、熊谷、前橋、宇都宮、福島、山形、盛岡、札幌、帯広、旭川。

　図 1.2.4 は黒潮域、内陸の年間の平均気温、平均相対湿度である。黒潮域は 15 ℃ ～ 23 ℃ にあり、内陸部は 16 ℃ 以下で、黒潮が熱エネルギーを南方から運んできて沿岸域に温暖な気候をもたらしている。図 1.2.5 は親潮域、黒潮域の平均気温、平均相対湿度である。親潮は寒流ともいわれ、北方から冷たい水を運んでくるので親潮域の沿岸は寒冷である。

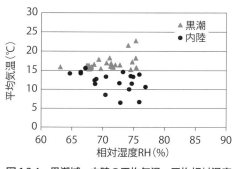
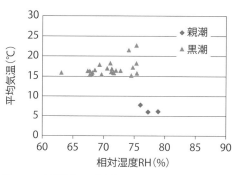

図 1.2.4　黒潮域、内陸の平均気温、平均相対湿度　　図 1.2.5　親潮域、黒潮域の平均気温、平均相対湿度

　図 1.2.6 は黒潮域、対馬暖流、瀬戸内海の平均気温、平均相対湿度である。黒潮域の気温は 15 ℃～ 23 ℃で、23 ℃は沖縄県那覇、22 ℃は鹿児島県名瀬で、15 ℃付近は千葉県銚子である。この先黒潮は日本列島を離れ東方に向かう。対馬暖流域は 12 ℃～ 17 ℃で、福江 16.5 ℃から日本海沿岸に沿って北上するにしたがい気温は低下し、秋田では 11 ℃になる。瀬戸内海はほぼ 16 ℃前後である。

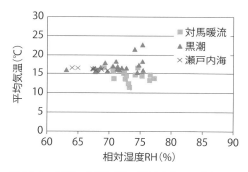

図 1.2.6　黒潮、対馬暖流、瀬戸内海の平均気温、平均相対湿度

　図 1.2.7 は海流別の平均気温と、緯度の関係である。同じ緯度に対して沿岸域と内陸を比較すると、親潮域を除きすべての沿岸域で内陸より気温は高い。その理由は海水の持つ熱量と、恒温性による。

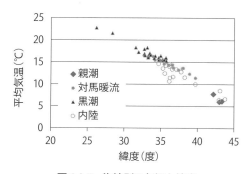

図 1.2.7　海流別の気温と緯度

図 1.2.8 は沿岸域全体の平均気温と緯度の関係を表したもので、負の比例関係にあることが分かる。緯度が 10 度高くなると、平均気温は 10 ℃低下する。図 1.2.9 は平均相対湿度と緯度で、沿岸域全体 60 %～ 80 %にあり、ほぼ一定でかつ高湿である。

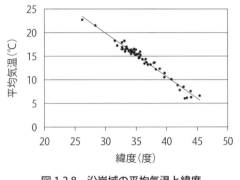

図 1.2.8　沿岸域の平均気温と緯度

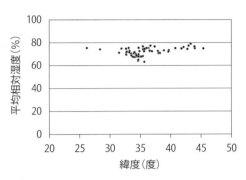

図 1.2.9　沿岸域の平均相対湿度と緯度

沿岸域の平均気温と緯度は比例関係にあり、平均水温 t_m、緯度 L、決定係数 R^2 とすると 1.2.1 式で表現される。

$$t_m = -0.925 \times L + 47.685 \qquad R^2 = 0.9656 \qquad (1.2.1)$$

図 1.2.10 は沿岸域の最高気温と緯度である。緯度 40 度以下では 26 ℃を超える地域が多く、夏季に冷房が必要となる。図 1.2.11 は沿岸域の最低気温と緯度で、内陸を除くと負の比例関係にある。黒潮の沖縄県那覇と鹿児島県名瀬以外は冬季 10 ℃以下となり暖房が必要である。同じ緯度でも内陸は最低気温が低い。

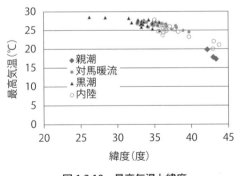

図 1.2.10　最高気温と緯度

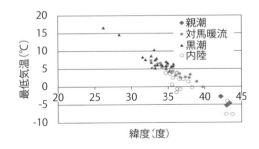

図 1.2.11　最低気温と緯度

図 1.2.12 は黒潮域の年平均日射量と年平均気温を示す。両者の相関は見られない。緯度と年平均全天日射量は比例すると考えられるが、降水量、日照率によって必ずしも比例関係に無い。内陸と比較すると沿岸域は 5 ℃～ 10 ℃程度気温が高い。図 1.2.13 は黒潮域の年平均水温と年平均気温の関係を示す。水温が上昇するにしたがい気温も上がり、海水の持つ熱量が気

温を定めている。なお黒潮域でも東京などの大都市はヒートアイランドや河川の影響で水温が変化する為、この数値からは省いてある。

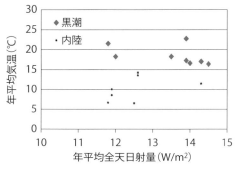

図 1.2.12　黒潮域・内陸の気温と日射量

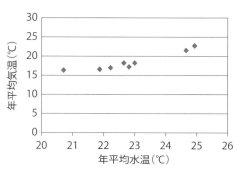

図 1.2.13　黒潮域の気温と水温

　図 1.2.14 は対馬暖流域の年平均日射量と年平均気温を示す。年平均日射量が増加すると気温も高くなる傾向がみられる。図 1.2.15 は対馬暖流域の年平均水温と年平均気温の関係を示す。水温が上昇するにしたがい気温も上がり、海水の持つ熱量が気温を定めている。

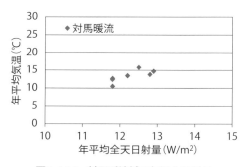

図 1.2.14　対馬暖流域の気温と日射量

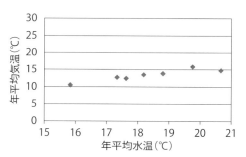

図 1.2.15　対馬暖流域の気温と水温

　黒潮域、対馬暖流域、双方とも年平均水温が、年平均気温と比例しており、海流の持つ熱量が地域の気温を定めているといえる。以上のように沿岸域の気候や建築物は、黒潮や対馬暖流などの海流から多大な恩恵を受けている。

　図 1.2.16 は気温・相対湿度の関係を表わすものでクリモグラフといわれる。快適範囲やカビの発生範囲が書き加えられている。ここに各観測地点の 1 年間の月別の平均気温、平均相対湿度を記入すれば、各時期の気温、相対湿度が快適範囲に入るか否かが分かる。図中の左中央の点線は室内気候の快適範囲を、右上の一点鎖線、二点鎖線の台形は乾性カビ、湿性カビの発生範囲である。図の右上が高温高湿、右下が低温低湿、左上が高温低湿、左下が低温低湿である。気温が快適範囲よりも下にあれば暖房が必要で、上にあれば冷房が必要である。相対湿度が快適範囲より右にあれば除湿が、左にあれば加湿が必要である。

1.2 沿岸域の気候とクリモグラフ

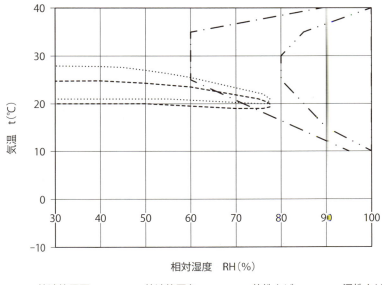

……… 快適範囲夏　　----- 快適範囲冬　　-・- 乾性カビ　　-・・- 湿性カビ

図 1.2.16　クリモグラフと快適範囲、カビ発育範囲

　図1.2.17は1971年～2000年までの気温・相対湿度の平均値[1,2,3]から描いた相対湿度・気温クリモグラフである。日本は右上がりの曲線を持つ気候が多く、左側が冬季で低温低湿、右側が夏季で高温高湿の傾向がある。暖流系の沖縄県那覇、寒流系の北海道根室、中間地点の東京の気温・相対湿度を表している。那覇は低緯度で日射量が高い上、暖流の中にあるせいで気温が一年を通じて高く、気温の年較差も小さい。根室は高緯度で日射量が少なくしかも寒流の影響を受け、気温は低い。東京は冬季、相対湿度は低い。気温の年較差は大きい。日本は例に挙げた3地点共、快適範囲に入る期間は短く、かつカビが発生しやすい。

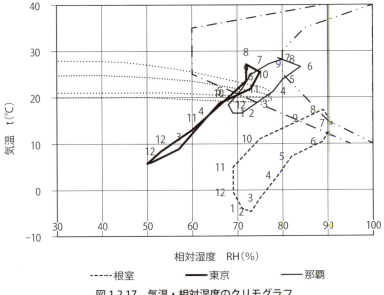

----- 根室　　—— 東京　　—— 那覇

図 1.2.17　気温・相対湿度のクリモグラフ

図 1.2.18、付録 1 は海流別の沿岸の都市の気温・相対湿度クリモグラフである。黒潮、対馬暖流、親潮などに添う都市の気温・相対湿度を図で表した。海流別の気温・相対湿度クリモグラフから次のことが分かる。

①黒潮域、対馬海流域の特徴

ⅰ．黒潮域は那覇から銚子に至るまで、右上がりの傾斜が緩やかになる。すなわち相対湿度の年較差は大きくなる。気温の年較差はほとんど変わらない。黒潮の持つ熱量が大きいことが分かる。

ⅱ．黒潮域は下流に行くほど傾きが緩やかになるが、対馬暖流は傾きが急になる。気温変化、相対湿度変化の幅が上流ほど小さく、下流になると幅は大きい。

ⅲ．黒潮域の那覇、名瀬のように黒潮に囲まれた地域は気温・相対湿度の年較差が小さく、暖房の必要な期間は短い。黒潮は大島、八丈島を過ぎて日本列島を徐々に離れ東に流向を転ずる。黒潮の持つ熱量も少なくなり、大島、八丈島の気温、相対湿度の年較差は、那覇、名瀬と異なり大きくなる。

ⅳ．対馬暖流では、黒潮と異なり、北上すると気温・相対湿度の傾斜は急になり相対湿度の年較差は小さくなる。

②沿岸域の相対湿度の特徴

ⅰ．夏季の相対湿度が 85％ を超える高湿な地域は、黒潮域で室戸、潮岬、八丈島、大島、銚子、対馬暖流域で福江、黒潮・親潮混合域で宮古、宗谷暖流域で稚内、内陸で軽井沢、親潮域は根室、釧路、浦河である。

ⅱ．瀬戸内海の相対湿度の年較差は小さい。

ⅲ．内陸は相対湿度 80％ を超える地域が少ないのに比較して、沿岸域は 80％ を超える地域は多く「沿岸域は相対湿度が高い」といえる。

③沿岸域のクリモグラフの形状

ⅰ．沿岸域の気温、相対湿度は右肩上がりの楕円形を描くが、内陸では単純な形でなく複雑な履歴をたどる。

ⅱ．気温、相対湿度の形状は、右上がり傾斜の楕円型と、横凹型に分類される。傾斜の楕円型は夏季高温高湿、冬季低温低湿であり、夏季には冷房・除湿が冬季には暖房・加湿が必要である。対馬暖流下流や内陸部に横凹型の気温、相対湿度がある。夏季、冬季に相対湿度が高く、春秋に相対湿度は低い。

ⅲ．黒潮域、瀬戸内海の都市は冬季 5 ℃以下になることは少ない。

④沿岸域のその他の特徴

ⅰ．夏季の気温は黒潮域、親潮域、内陸を問わず日本全国 20 ℃〜28 ℃の範囲にある。冬季の気温は黒潮域、瀬戸内海で 5 ℃以上である。対馬暖流域は北上するにしたがい気温が下が

1.2 沿岸域の気候とクリモグラフ   13

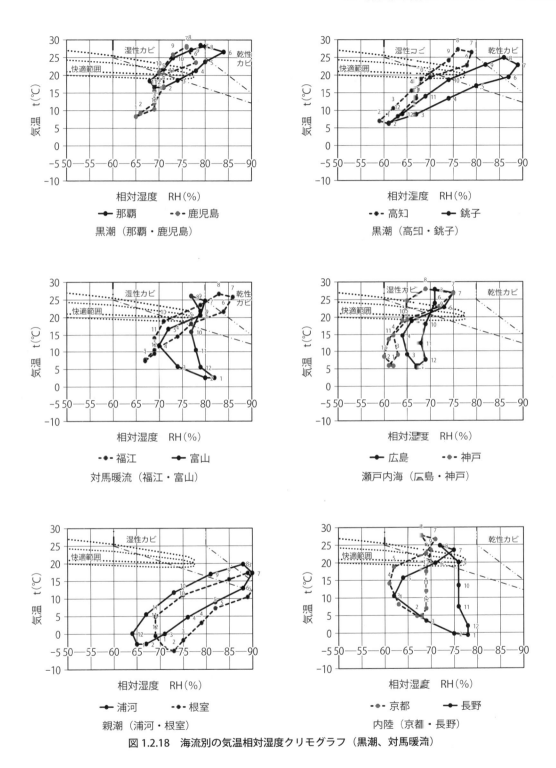

図 1.2.18　海流別の気温相対湿度クリモグラフ（黒潮、対馬暖流）

り秋田では 0 ℃になる。内陸では 5 ℃以下で－10 ℃近くになる地域もある。海の持つ恒温性は沿岸域において夏季よりも冬季に発揮されている。

ⅱ．「沿岸域は温暖」という表現は、黒潮域、対馬暖流域に関してはいえるが、親潮域、宗谷暖流域については当てはまらない。

ⅲ．「沿岸域は気温の年較差が小さい」という表現は適切である。

　図 1.2.19 は海流別の各観測地点の気温、相対湿度を点で表現したものである。黒潮域は気温 5 ℃～28 ℃、相対湿度 50%～90% の範囲に入り、全体として気温が上がると相対湿度も高くなる。高温時は高湿で、低温時は低湿である。対馬暖流は高温時は高湿であるが、低温時にも高湿となり、くの字形になる。瀬戸内海域は相対湿度の範囲が 60%～75% と黒潮域に比較して、相対湿度の変動範囲が狭い。親潮域は気温－5 ℃～20 ℃、相対湿度 60%～80% で気温が上がれば相対湿度も高くなる。冬季は零度以下になる。内陸は地域によって大きく異なり値がばらつく。黒潮域、瀬戸内海域は気温が 5 ℃以下になることは無い。相対湿度が 90% 近くなるのは黒潮域、親潮域である。

　以上の気温、相対湿度は月平均で記述してあり、日々、時刻毎に変動しているので、上記の値は目安として考える。

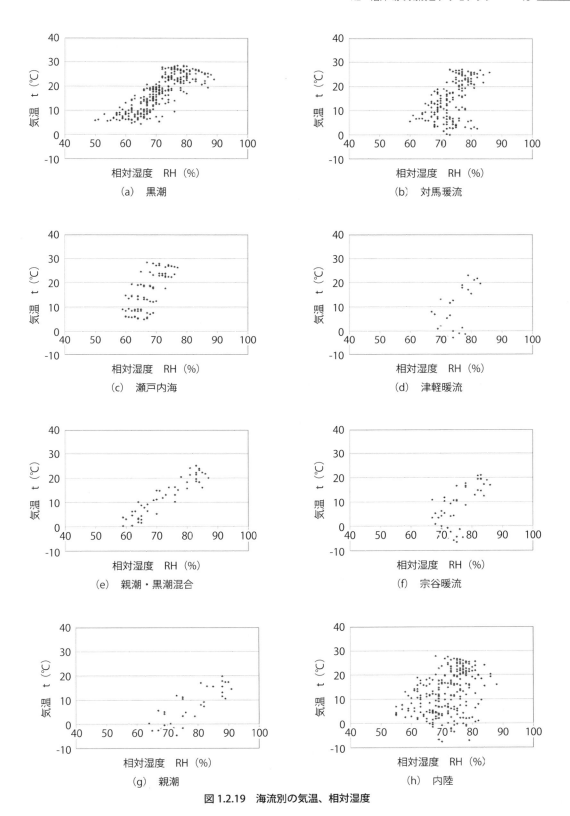

図 1.2.19 海流別の気温、相対湿度

図 1.2.20 は沿岸域と内陸の気温、相対湿度の違いを大まかに示したもので、沿岸域は豊富な水蒸気で夏季は気温が高く相対湿度も高い。除湿が必要である。冬季は海流の持つ大きな熱量で、沿岸域の気温は内陸に比較して高いが、新有効温度との差が大きいので、内陸、沿岸域共に暖房が必要となる。なお太平洋岸の夏季の水温は 26 ℃ 〜 28 ℃、冬季の水温は 15 ℃ 〜 18 ℃で、夏季は気温と水温の差は小さいが、冬季の差は大きい。その結果、冬季の沿岸域は海から熱を受け最低温度が、内陸よりも高くなる。太平洋岸の沿岸域の建築物は冬季、内陸の建築物より暖房費用が少なくて済む。

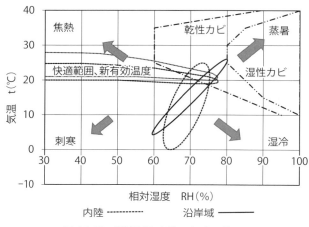

図 1.2.20　沿岸域と内陸のクリモグラフ

図 1.2.21（a）は黒潮域にある関東地方沿岸部の銚子と、内陸部の前橋の気温・相対湿度の比較である。銚子は暖流域にあるため気温の年較差は、前橋よりも小さい。ただ相対湿度は大きい。（b）は親潮域の釧路と、内陸の帯広の気温・相対湿度である。沿岸域にある釧路は、内陸の帯広よりも夏季の気温が低く、相対湿度は高い。冬季は釧路の気温は帯広より数度高い。相対湿度は変わらない。沿岸部は、内陸より気温の年較差が小さい。

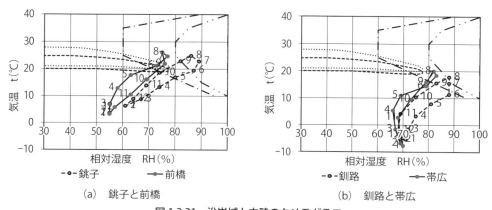

(a)　銚子と前橋　　　　　　　　　　(b)　釧路と帯広

図 1.2.21　沿岸域と内陸のクリモグラフ

表 1.2.1 は海流別の各地点の気温年較差、デグリーデーである[1,2,4]。気温の年較差とは、1年の最も暖かい月の平均気温と、最も寒い月の平均気温の差である。年較差の小さい並べてある。海流の項で分かるように黒潮域が年較差は小さく、次いで瀬戸内海が小さい。対馬海流は下関から北上するに連れて年較差が大きくなり、福井、新潟、秋田になると内陸と同程度の大きさとなる。表中 D はデグリーデーを意味し、6.1 で詳述する。

表 1.2.1 海流、地点、気温年較差（昇順）

海流	地点	最高気温	最低気温	気温較差	暖房D	冷房D	海流	地点	最高気温	最低気温	気温較差	暖房D	冷房D
黒潮	那覇	28.5	16.6	11.9		444	親潮	浦河	19.8	-2.8	22.6		
黒潮	名瀬	28.4	14.6	13.8			親・黒	仙台	24.1	1.5	22.6	1580	10
黒潮	八丈島	26.5	10.3	16.2			内陸	熊谷	26.4	3.7	22.7	1164	99
黒潮	大島	25.3	7	18.3			対馬暖流	鳥取	26.6	3.9	22.7	1103	133
黒潮	室戸岬	25.8	7.5	18.3			対馬暖流	敦賀	27.1	4.3	22.8		
黒潮	銚子	24.9	6.3	18.6			内陸	前橋	26.1	3.3	22.8	1224	99
黒潮	潮岬	26.5	7.9	18.6			内陸	奈良	26.6	3.8	22.8	1168	
黒潮	清水(土佐)	27.2	8.6	18.6			対馬暖流	金沢	26.6	3.6	23	1224	122
対馬暖流	福江	26.7	7.3	19.4			黒潮	名古屋	27.3	4.3	23	1057	159
黒潮	宮崎	27	7.6	19.4	567	210	瀬戸内海	岡山	27.9	4.8	23.1	954	251
黒潮	鹿児島	28.2	8.3	19.9	518	269	内陸	彦根	26.7	3.6	23.1		
黒潮	尾鷲	26.1	6.2	19.9			親潮	釧路	17.8	-5.3	23.1		
黒潮	静岡	26.8	6.6	20.2	720	135	内陸	宇都宮	25.3	2.1	23.2	1416	47
親・黒	小名浜	23.9	3.6	20.3			内陸	岐阜	27.5	4.3	23.2	1056	173
対馬暖流	厳原	25.8	5.5	20.3			内陸	京都	27.8	4.6	23.2	1035	203
対馬暖流	浜田	26.2	5.8	20.4			対馬暖流	酒田	24.9	1.4	23.5		
対馬暖流	下関	27.1	6.6	20.5	775	155	宗谷暖流	寿都	21	-2.6	23.6		
黒潮	横浜	26.4	5.6	20.8	888	106	対馬暖流	富山	26.1	2.5	23.6	1354	92
黒潮	長崎	27.6	6.8	20.8	646	213	対馬暖流	新潟	26.2	2.5	23.7	1398	92
黒潮	大分	26.8	6	20.8	832	157	対馬暖流	福井	26.8	3.1	23.7	1260	132
黒潮	浜松	26.7	5.8	20.9			内陸	甲府	26.2	2.5	23.7	1282	92
黒潮	高知	27.2	6.1	21.1	743	187	内陸	福島	25.2	1.4	23.8	1583	52
対馬暖流	福岡	27.6	6.4	21.2	754	215	内陸	高田	26	2.1	23.9		
黒潮	東京	27.1	5.8	21.3	855	148	内陸	軽井沢	20.3	-3.6	23.9		
瀬戸内海	徳島	27.4	6	21.4	832	176	内陸	飯田	24.7	0.6	24.1		
瀬戸内海	松山	27.3	5.8	21.5	850	184	津軽暖流	青森	23	-1.4	24.4	2154	
内陸	西郷	25.6	3.9	21.7			内陸	富士山	6	-18.5	24.5		
黒潮	和歌山	27.8	5.9	21.9	819	211	津軽暖流	函館	21.7	-2.9	24.6		
親潮	根室	17.3	-4.7	22			宗谷暖流	稚内	19.5	-5.1	24.6		
親・黒	宮古	22.2	0.2	22			対馬暖流	秋田	24.5	-0.1	24.6	1853	19
黒潮	津	27.1	5.1	22	1001	148	内陸	山形	24.6	-0.2	24.8	1907	30
瀬戸内海	高松	27.4	5.3	22.1	958	176	内陸	松本	24.3	-0.6	24.9		
対馬暖流	松江	26.3	4.2	22.1	1112	119	内陸	盛岡	23.2	-2.1	25.3		
親・黒	水戸	25	2.8	22.2	1306	38	内陸	高山	23.7	-1.6	25.3		
黒潮	佐賀	27.4	5.2	22.2	850	212	宗谷暖流	留萌	20.8	-4.7	25.5		
黒潮	熊本	27.7	5.4	22.3	847	222	内陸	長野	24.9	-0.7	25.6	1860	37
対馬暖流	相川	25.7	3.4	22.3			宗谷暖流	網走	19.4	-6.6	26		
瀬戸内海	神戸	28	5.7	22.3	932	178	内陸	札幌	22	-4.1	26.1	2574	
対馬暖流	輪島	25.2	2.7	22.5			内陸	帯広	20	-7.7	27.7		
瀬戸内海	大阪	28.4	5.8	22.6	837	247	内陸	旭川	21.1	-7.8	28.9		
瀬戸内海	広島	27.9	5.3	22.6	1033	150							

各地点の快適性

　海流別のクリモグラフを図 1.2.18 と付録 1 に示した。これら各地点の気温、相対湿度は快適範囲にどの程度入るであろうか。快適範囲を示す線の内側は快適である確率が高いことを意味している。線の外側は線から離れるにしたがい、快適に感じる確率が減少する。今、ここでは夏季の快適範囲の線内に入る月数を各地点毎にまとめてみた。7 月、8 月は日本全国で気温が快適線図の気温範囲よりも上にあり、快適な範囲に入る地域は松本、札幌、旭川のみである。6 月に快適な地域が最も多く、次いで 9 月である。年間の快適月数は 1 か月が多く、長くても 2 か月で黒潮域の名古屋、東京、和歌山、神戸、対馬暖流域の金沢、新潟、内陸の京都、彦根、飯田、松本、長野、甲府、熊谷、前橋である。黒潮、対馬暖流、瀬戸内海など沿岸沿いと、内陸で快適な月数は変わらず、とくに沿岸沿いであるから快適であるとはいえない。1 月～5 月、12 月は、快適範囲に入る地域は無かった。

1.2.3　沿岸域の気象と気候区

（1）風速分布と降水量、海面水温

　図 1.2.22 は 1981 年～2000 年までの拡張アメダス気象データベースから月平均の風速の分布を描いたもので、1 月は季節風の影響を受け東北地方の日本海側は 3m/s ～ 4m/s である。8 月には同地域は 1.5m/s ～ 2m/s に減じている。海を渡る風が直接当たるので、半島、岬の先端は風が強い。陸域では地上の建物や樹木などの摩擦や地形によって風速は減衰する。急傾斜面や狭隘地では加速・減速する。

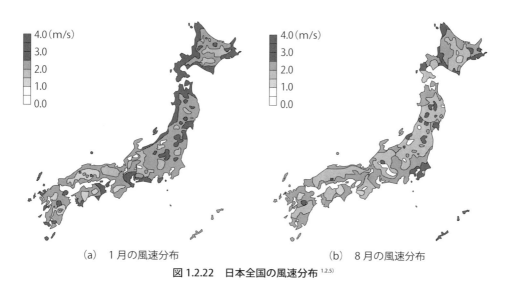

(a)　1 月の風速分布　　　　　　(b)　8 月の風速分布

図 1.2.22　日本全国の風速分布 [1.2.5]

　図 1.2.23 に年間降水量の分布を示す。降水は九州南部、四国南部、紀伊半島、秋田から石川県までの日本海側に多いが、必ずしも沿岸域全域が多いとは限らない。

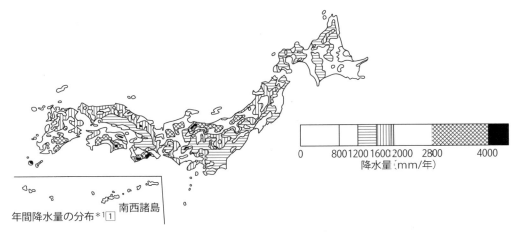

図 1.2.23　年間降水量分布[1.2.6]

　図 1.2.24 は日本近海の 1971 年〜 2000 年までの水温平均値による海面水温図である。左が 2 月、右が 8 月であり、2 月は九州が 19 ℃、千葉県房総が 15 ℃、東北地方は 12 ℃〜 5 ℃で、8 月は九州が 28 ℃、千葉県房総が 25 ℃、東北地方は 22 ℃〜 20 ℃である。2 月に東北地方太平洋岸は極めて低温の海水が流れている。2 月と 8 月の水温の差が九州では 9 ℃程度に対して、東北地方北部は 10 ℃〜 15 ℃も差がある。これら水温が沿岸域の気象に大きな影響を及ぼす。

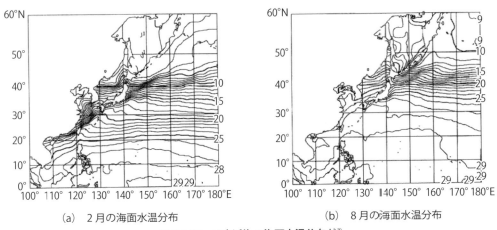

(a)　2 月の海面水温分布　　　　　　　　　　(b)　8 月の海面水温分布

図 1.2.24　日本近海の海面水温分布[1.2.7]

(2) 気候区

　図 1.2.25 は木村幸一郎作成の住宅気候区で、気温、降水量、山岳地域を考慮して作成された[1.2.8]。豪雪寒冷地域、深雪地域、温暖地域、多雨地域に区分されている。太平洋岸を見ると、中部、四国、九州は多雨地域であり、関東、東北南部が温暖地域、東北、北海道が豪雪寒冷地域である。日本海側は、九州、中国が温暖地域、北陸から北東北に深雪地域、北海道は深雪地域、豪雪寒冷地域である。瀬戸内海周辺は温暖地域である。

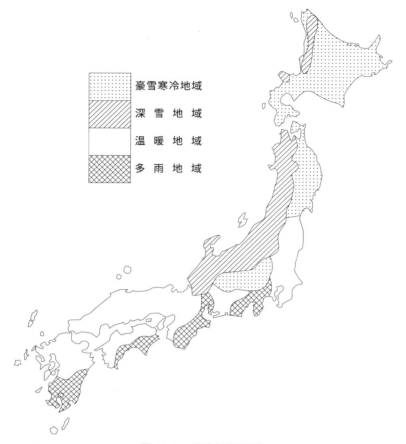

図 1.2.25　住宅気候図[1.2.8)]

　図 1.2.26 は気候区分を更に細分化した吉野正敏作成の関東地方の気候による地域区分である[1.2.9)]。気温、降水量、風による地域区分図を重ねて作成された。千葉県南房総は Ia、Ib、九十九里はⅡiである。Ia は極めて温暖多雨、冬に西の季節風強。Ib は温暖多湿、冬に西の季節風強、Ⅱi は南部は比較的曇天多、晴れた日は海風が発達する、海岸の気候である。

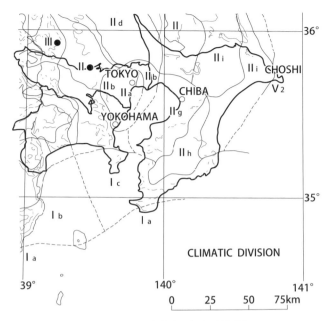

図 1.2.26　関東地方の気候区分 [1.2.9)]

　松本真一、長谷川兼一は東日本大震災後、東北地方の気候区分図を作成し、各県の季節風の強弱、夏季の暑さ、冬季の積雪、日射について詳細に分析している [1.2.10)、1.2.11)]。

(4) 海風

　図 1.2.27 のように沿岸域は周囲に遮る物が無いため内陸部に比較して風が強い。図 2.1.28 は海浜の海岸林である。風の強さで幹が曲げられている。

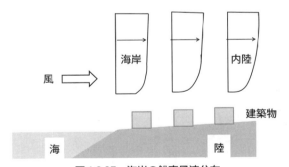

図 1.2.27　海岸の鉛直風速分布

図 1.2.28　強風で傾いた海岸林

　一方、海岸にいてそよ風を受けるのはとても気持ちが良い。海岸の風には一般風や海陸風などがある。一般風は陸や海など地形の影響を受けない風で、海陸風は日射などによる海と陸の温度の差から起きる風である。海岸では日中大地が暖められ空気が上昇し、それを補うために海から陸に向かう海風が発生する。日が落ち夜になると大地の温度が低下し、海水温の方が高

くなり、海面の空気が上昇して、そこに陸からの空気が入り込み、陸から海に向かう陸風が生じる。これらの風の速さと方向、発生時刻は緯度・経度、海岸地形、地表面の摩擦、天候、一般風などによって異なる。海風は午後に強くなり、最も速いのは13時～15時頃である。海陸風の方向は、海岸線に直角から吹送方向に右へ傾く。浅井富雄、新田尚、松野太郎は東京湾周辺地域の平均風の資料から、9時から海風が現れ、13時～15時の間に最大風速4m/s～7m/sとなり日没に無くなるとしている[1.2.12)]。

海は温まりにくく、冷えにくく、大地は温まり易く冷えやすい。これらは海面に入る日射量や大気へ放出するエネルギー、海潮流の運ぶ熱エネルギー、などによって定まり、海水の比熱、熱伝導率、海面の吸収率・反射率などに左右される。海水は上昇流、下降流などがあり熱は拡散されるので、温度変化は小さい。一方、地表面は日射量や大気への放射量、地中からの熱伝導などにより温度が定まり、土の熱伝導率、比熱によって決まる。快晴時の温度の日変化は、海面は小さく、地表面は大きい。曇天時の温度日変化は小さい。

吉野正敏は著書「小気候」、「気候学」の中で、海岸の気温、海風、潮風についてに詳細に論じており[1.2.13)、1.2.14)]、背後に急傾斜面を持つ海岸では気温に対して海水面の影響が大きいが、平野のように風が内陸部から吹き込みやすい地形の場合、内陸の気温の影響を受けると述べている。

図1.2.29は千葉県山武郡横芝光町と同県成田市の、2015年8月2日～6日までの気温の日変化である。横芝光町は外房九十九里浜にあり、沖には暖流が流れている。一方、成田は海岸から約20km内陸に入った位置にある。日中横芝光町は31℃～32℃、成田市は33℃～35℃で、横芝光町は成田に比較して2℃～3℃低かった。夜間は両地共、25℃前後で同温度になった。横芝光町は海に面しているので気温の日較差が小さく、内陸にある成田が、日較差が大きくなる。

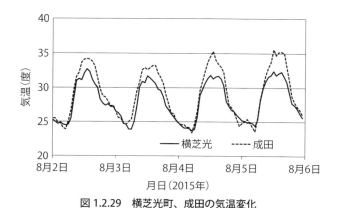

図1.2.29 横芝光町、成田の気温変化

図1.2.30は横芝光町の風速、風向である。風向はアメダス風向方位番号にしたがう。縦軸の風向は東南東5、南東6、南南東7、南8、南南西9、南西10、西南西11で表した。4日間の結果を見ると、昼過ぎに風速最大で5m/s～6m/sとなり、風向は南から南南東である。

横芝光町の海岸断面方向は南東であり、日中海風が強くなるのが分かる。夜間は方向が変化し、南南西からも風も吹いている。

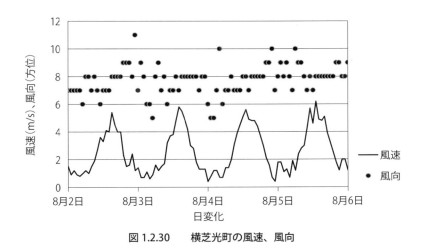

図1.2.30　横芝光町の風速、風向

　海風に関する研究は数多く実施されている。片山忠久、石井昭夫、西田勝らは1980年〜1985年の全国12都市のAMeDASデータを用いて海陸風の統計解析を行い、海風が十分発達する13時〜19時、陸風は3時〜9時を選び、海風が陸風より大きいこと、海陸風の強さと日射量の間に比例関係があること、などを明らかにした[1.2.15]。また同氏らは福岡市での測定から、河川が海風の通り道として機能し、都市に冷却効果をもたらすことを示した。海風時、河川上の気温は海からの距離と共に上昇し、街路上と比較して4℃も低くなる[1.2.16]。竹林英樹、森山正和は大阪湾から陸側22Kmまでの風と気温の3年間の測定値から、海風が吹き始めるのは10時頃で、19時頃には弱まり、海風は気温を抑制する効果を有するとしている。海岸から2kmまで内陸と比較して最高気温で2℃低く、4kmまでは1℃低くなる傾向がある[1.2.17]。吉野博らは東京、仙台、原町の三都市の気候数値解析を行い、海風の影響で日中の気温上昇は抑制されていること、都市の規模が小さいほど海風の寄与が大きいこと、を述べた[1.2.18]。十二村佳樹、渡辺浩文は仙台市での気温長期多点同時測定から、海風により気温緩和されること、内陸に行くほど緩和する時刻が遅いこと、海岸付近ほど緩和効果が大きく4℃から最大11℃になること、海から13km程度内陸まで緩和効果がある、などを明らかにした[1.2.19]。

　以上のように多くの研究が海風に対してなされ、海風により気温が緩和されることが明らかになっている。

第2章
沿岸域と人間

2.1 気候と風土

　日本人は北方、南方、西方から日本列島に来たといわれている。北方から来た人々は、寒い所から移動してきただけに列島を南下するにしたがい、温暖で物なりの良さに生活のし易さを感じたであろう。酷寒の地域から来たので列島の冬季を過ごす術も心得ていた。また南方からの人々は船に乗り、太平洋岸を北上し、温暖で高湿、多雨だが魚介類、果樹類の豊富な地域に上陸し、生活を始めた。ただ気温の年較差は大きく冬季の寒さは体に厳しく、病気をするものも多かったのではないだろうか。西方とは中国南部やモンゴルから韓国を経て来た人々で、ほぼ中緯度を東に移動してきたので、日射、平均気温が、大きく変わらず、しかも列島は海洋性気候のため日較差が小さく温暖で過ごしやすかった。いずれも日本列島の温暖で、雨の多さにより物なりが良く、しかも海岸で魚介類が採取できるので、過ごしやすく定着したと考えられる。魚介類が古代の人々にとって重要な栄養源であったことは、各地に貝塚が見いだされることから明らかである。貝塚はとくに有明湾、東京湾など干潟に多い。その理由は、干潟は魚介類が豊富な上、人々が容易に採取できるからである。波に対抗できる舟を作る技術が無い時代は、海にいる魚群を岸から見送る以外なかった。

　人類の最も基本的な住居として地中住居があり現在でも多くの人々が住んでいる。地中は夏季に涼しく、冬季に暖かい理想的な住居であるが、日本は雨が多く相対湿度が高いため、地中住居は不健康で、食物も腐りやすく住処にはならなかった。図 2.1.1 に地域と食糧調達の方法を示した。海岸線近くは魚介藻類の採取ができる。一方陸域の平野部は木の実の採取、果樹、穀物の生産、狩猟などの食料調達ができ、飲み水は河川か、湧き水、湖水から得る。

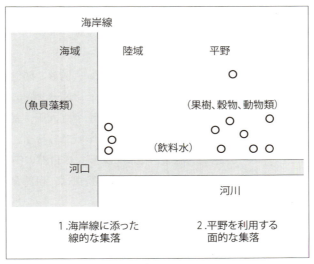

図 2.1.1　食料調達と地域

　このようにして長い歴史の中で徐々に、日本列島に居住する人々は増したと考えられる。この多雨の地域に住むにはまず雨を防ぐために傾斜のある屋根が作られ、次に冬季の寒い風を防ぐために屋根と地面との間に壁を作ったであろう。さらに地中からの湿気を防ぐために地面との間に空気の流れを防ぐ材料が敷かれた。南方から来た人々によって、床を高くする高床式が伝えられ、地中からの湿気を防ぎ、さらに傾斜のある屋根により雨を迅速に地上に落としたと考えられる。日本列島は海に囲まれているため水蒸気が豊富で、太陽直達日射が直接地表に到達せず、気中で減衰する。また夜間、熱放射が大気中に一部留まる。すなわち水蒸気の存在が地表の気温を緩和する役割を果たしている。

　日本の気候の特徴は、中緯度にあるため、四季があり年較差が大きいこと、夏季に高温高湿、冬季に低温低湿なこと、列島の周囲に暖流寒流が流れているため海洋性気候なこと、シベリアから季節風が吹きこむこと、北からオホーツク気団が来ること、南から台風が来ること、南北の緯度差が大きいこと、などである。したがって大陸内部と比較して気候が極めて複雑である。気候の変化は大きい上、当時の人々は栄養が十分でなく、魚介類や果樹、穀物が年中確保できるわけでないので生活は苦しかったと考えられる。

　国の風土は、文化、歴史、宗教、食糧生産、政治、民族、豊かさなどにより定まる。日本の沿岸域の風土は、気候が多種多様であるのと同様、各地域で大きな差異がある。また四季があるため、季節によって、衣服、生活、行動、食糧、などが変化し一通りで説明することは難しい。したがって地域によって人の衣服も、建築形態も大きく異なる。日本は夏冬の寒暖の差があるからこそ、日・年較差の小さい沿岸部に住む価値がある。日・年較差が小さいと体の順化が楽で、体の負担も少ない。

　建築は風土の産物である。同じ気候、同じ素材でも風土によって完成する建築は異なる。その理由は人々の持つ社会性、精神性にある。その民族の発祥、歴史、体格、労働、地理、文化

などにより精神性は育まれる。同じ緯度でもすなわち日射量がほぼ同じでも、実に様々な建築が存在する。中国、ギリシャ、エジプト、南米など様々な文明が発生し、異なった建築が見られることからも分かる。

藤井厚二は、日本の風土と建築について詳細な検討を行い、防暑、防湿を主とした住宅を多数設計している[2.1.1)]。和辻哲郎は「風土」の中で、日本がモンスーン域にあり、モンスーンの運ぶ湿潤は自然の恵みをもたらすと同時に、自然の暴威をも導き大雨、暴風、洪水となって人間に襲いかかると記している[2.1.2)]。その最も鋭敏な地は沿岸域であろう。宮川英二は「風土と建築」で日本の精神風土について触れ、「温暖、湿潤で柔らかな自然の中で育まれた日本人の繊細な生活感情である」と述べ、その結果、日本の建築の特徴は、自然との素晴らしい融合にあるとしている[2.1.3)]。

若山滋は「風土に生きる建築」の中で冒頭に、「建築の材料とは、とにかくそこにたくさんあるもの」と記している[2.1.4)]。沿岸域にこの言葉を適用すると、海岸には海水、泥、砂、小石、樹木、海藻などがあるが、建築の材料として使うには、海岸の砂は湿っており乾燥させるには火力と時間がかかりかつ塩分を含むので乾きにくく適さなかった。また海の砂はバクテリアを大量に含み、時間がたつと腐敗し悪臭を放つので使えなかったであろう。海岸に育つ樹木は、細く、風により曲がっているので建材となりにくい。日本に沿岸建築物という様式が成立しにくかったのは、その場に豊富にある材料が日本の建築に利用できなかったからと考えられる。海藻は炊いて、壁材として用いる漆喰に使用するが後の時代である。樹木、土、藁など地元の素材を用い、職人の手になる旧来の建築は風土と大きな関係を持っていた。しかし建築が工業生産化されるにしたがい、風土と関係なくなり、どの地域でも一定の性能を持つ建築が可能になった。寒冷地でも、本体に特定の性能を付加すれば、十分要求する性能を満たすことができる。現在、地方を旅行しても地域性のある建物が少ない。とくに中高層建築物は外観からはほとんど差が見られない。寒冷地を除き住宅も同様である。

木村建一は建築環境工学者の立場から民家の熱環境論を展開した[2.1.5)]。土地の気候に適応して植物が生育することを民家になぞらえて、年間蒸暑地域、年間乾暑地域、季間蒸暑地域、季間乾暑地域、季間寒冷地域、年間寒冷地域の6地域に分け民家の特徴を記している。民家の要素である屋根、外壁、通風、中庭、日除け、採光について述べた後、それらの技術を現代住宅へ生かす工夫を述べている。また新井洋一は海流別に港の風土論を展開している[2.1.6)]。

建築は人間の外皮であり固定的であるから、四季のうち最も快適条件から離れた時期で、しかも長期にわたる時期に合わせて設計する。寒さが最も身体に対してダメージを与えるが、西日本の寒さは衣服や暖房を調整して耐えられる寒さなので、夏季の高温多湿に対処する建築形態が採用されてきた。夏季、太平洋岸は温暖の上、日射が強く、建物は高温になる。建物の熱を逃がすため、屋根・壁を断熱、西側にすだれ、樹木、日除け、ルーバーなど日射遮断や、通風を確保するため窓を大きくする、床下の通気を確保する、壁を取り去る、軒・庇を長くする、などがある。日・年較差小、降水量大、高温高湿は、コンクリート、断熱材や空調技術の発展で解決され、省エネが次の課題となっている。沿岸域の建築物の建築環境工学的課題は温

熱から、塩害へ、さらに海洋景観の良さに移りつつある。とくに景観の質と量によって価値が左右される。

2.2 沿岸域と人間の歴史

2012年 John.R.Gillis は" The Human Shore ― Seacoasts in History ―"を執筆し、沿岸域の復権を、20万年の歴史にもとづいて強く主張した[2.2.1)]。陸域の生態系は海によって生まれ陸へ移動し、内陸部で長い時間を経て人類を産み出していくが、人類は沿岸域に戻ることによって生活と移動を容易にし、短時間で世界中に広まっていったと記している。現代は内陸から沿岸への人口移動が顕著で、世界の人口の半分が海から120マイルに生活している現実と、長い歴史からの教訓として、津波や高潮など海からの災害を防ぐためには人々は高所に住む以外手段は無いと述べている。また沿岸を護岸や防波堤で防護するのではなく、自然が動くままに任せれば、自然が我々の為に働いてくれると主張している。

この書物にもとづいて、沿岸域の建築物の歴史を追うと、以下のように順序立てられる。

①人類が内陸から沿岸域に達し、漁労や貝、海藻を採取し、寝泊りするための住居が造られた。住居は高波や高潮を防ぐために高台に設けられたことが史蹟から分かっている。汀線付近には漁労のための掘っ立て小屋が作られ、季節が終わると解体され高台に移された。

②沿岸域の食糧源が枯渇してくると、新しい食糧源を得るため移動しやすい沿岸域を利用して各地へ広がって行った。移動先で調達できる材料を使って、その地域の気候に適した建物が建てられた。居住地を高地に選んだことは①と同じである。

③内陸で農耕が始められ人口が増加しても、沿岸域と共存し食糧の交換や人々の交流が盛んに行われていたようである。

④時代が経るにしたがい沿岸域の村が都市となり、さらに沿岸域に商業都市ができて交易のため港湾とその施設が建設された。

⑤近代に入り沿岸域は埋め立てられ、産業、工業の場所として発展し、事務所、工場、従業員・家族住居などが建てられるようになった。

⑥現代は、沿岸域は高層ビルや、レジャー施設、海浜公園、臨海ホテル、旅館、また富裕層が海岸別荘を建設し、魅力的な海洋景観を楽しむようになってきた。暖冷房が完備し、快適な生活をおくれる。

⑦大震災や津波の発生によって、沿岸域は危険な場所として再認識され、汀線から離れた高所に居住地や労働場所を求めつつある。これは太古からの人類の教えに戻ったといえる。

人が生きるには、生きるための環境が必要である。すなわち生命の保全ができる場所である。人類は古代から沿岸域の海の生物を食糧源として生存してきた。海岸で採れる海藻や魚介類を食糧として生き延びてきた。食べた貝の殻を捨てた貝塚が各地に見られるのはその証左である。人々の集落が海岸近くに形成されたのは自然の成り行きであった。また陸地に安全な交通路が無かった古代には海路を通じ人と物資の交易があり、海岸から都市が成長していった。

沿岸域はこのように人類が生存し成長するための重要な地域であった。日本においても沿岸域に、東京、大阪、名古屋、神戸、福岡など大都市が集中しており、その居住人口の日本の人口に占める割合は大きい。

現代は、沿岸域は、食糧供給や交易路だけでなく、工業地帯、観光・遊興施設や、一般住宅など実に多様な空間として利用されている。したがって沿岸域に住む人々の建築空間に求める目的も多様である。しかし、いずれにしても安全で快適な建築空間を求めることには変わりない。それには沿岸域が持つ自然環境、すなわち気候風土を十分理解する必要がある。とくに日本のように緯度方向に長い国土、四季のある中緯度の国土、暖流・寒流に囲まれた国土、は地域や季節によって気象が異なっており、一律に論じることが難しいが、その中で「沿岸域」としての特徴をあげて、そこに立つ建築物の計画・設計する際、必要な事項を明確にする必要がある。

沿岸域の持つ資質は今後広く利用されていく可能性がある。その開発手法、計画手法についての研究も進んでおり、石井靖丸、今野修平「沿岸域開発計画」[2.2.2]、横内憲久「ウォータフロント開発の手法」[2.2.3]、「ウォータフロント計画ノート」[2.2.4]、日本建築学会海洋委員会ウォーターフロント計画小委員会「ウォーターフロント計画指針・同解説（案）」[2.2.5]、染谷昭夫「沿岸域計画の視点」[2.2.6]、日本沿岸域学会2000年アピール委員会「沿岸域の持続的な利用と環境保全のための提言」[2.2.7]、笹川平和財団海洋政策研究所編「沿岸域総合管理入門」[2.2.8]など多くの書籍や資料が刊行されている。

また日本建築学会は2015年「海洋建築の計画・設計指針」を刊行した[2.2.9]。本書は、建築学会海洋委員会メンバーの数十年にわたる研究成果に基づいて編纂されており、今後、海洋や沿岸域での建築計画や設計に大いに貢献すると期待されている。その中に、建築環境工学に関係する内容は、「海域特性」、「設計」であり、建築風土として沿岸域はどのような特徴を持っているか、またその特徴が設計に対してどのように考慮されるべきかが詳細に記されている。同指針の環境分野を抜粋して付録2に転載してある。沿岸域の建築環境工学は、まず沿岸域の自然条件に関する情報を収集し、次に人間の快適条件を知って、その間の差を少なくする建築的な手段を講じることを目的とする。

沿岸域になぜ人間は住むのか、その理由は時代や地域、目的により様々である。

(1) 地理的、歴史的な理由
- 古代、海外から移住してきた際、内陸部に入らずそのまま沿岸域に定住した。食糧を求めて移動する場合、内陸に入るよりも沿岸域にそって移動する方が楽で安全であった。
- 食糧、とくに魚介類を採取しやすいため。貝塚が海近くの各地で発見されることからも古代の人々にとって海から採れる食料は重要であった。とくに河口は飲み水もあり便利である。
- 雨が多いので樹木の成長が速く、家を建てる材料が得やすかった。
- 内陸に比較して温暖であり、生きやすかった。ただし雨は多いので湿気を防ぐため開放的な家を作った。山地は寒く、雪が有り、住みにくかった。
- 太平洋の沿岸域は雨が多く、また山岳から河川に流れ込む水で、飲み水が確保しやすかった。

- 日本は山岳地帯が多く平野が少ないため、沿岸部に住む場所が求められる。しかし全ての海岸線付近が住むのに適しているわけではなく、海岸段丘が多く、崖が海に直接連なっており平地が極めて少ない。
- 都市化は沿岸域で始まる。これは陸域の道路の発達が遅れ、海を使った物資輸送が中心だったからである。
- 交易の為に住む。港は商品の集積場であり、商業の中心となる。内陸に入る道が無く、海を介した移動は楽であった。

（2）現代の理由
- 海岸の埋立地は、広く、大規模な開発が可能で、計画の自由度が大きい。
- 娯楽の目的で、海水浴、釣り、ボート・ヨット、散歩や海洋景観などを楽しむためリゾート施設に滞在する。
- 保養施設、タラソテラピーなど海の資質、すなわち清浄な空気、紫外放射、散歩などを利用した健康回復、維持が可能である。
- 金が無いため陸上に家を持てない人々が、水上に住む。
- 海辺に住むことに魅力を感じる人々がいる。シアトルのフローティングハウスなど。

　以上のような多様な居住理由にたいして建築環境工学的な要素である温熱、空気、光、音の観点から考える。これら要素の内、人間が生命を維持する最も大事な要素は熱である。地域の温暖さが優先される。したがって寒い地域に人間が移動して行くため獣皮のような人間を覆う衣服の発達が必要条件であった。古代人類が中央アフリカで誕生し、徐々に周辺環境に慣れ北上できたのは、体を寒さから守る手段ができたからであろう。緯度の低い温暖な地域から住み始め、道具や材料の発達と共に、緯度の高い寒い地域まで居住区域が広がったと考えられる。初期、地中住居が中心であったが、気密性の高い、断熱効果の大きい材料を使うことで独立した建物を建設し、暑さ寒さに耐えられるようになった。

　沿岸域に居住するときのリスクは、敵、海賊や猛獣の来襲、魚介類など食糧の不作、飲み水の不足などであり、自然災害として津波、高潮、台風、豪雨、洪水、強風、海岸後退、海岸崩壊、地盤沈下、地盤液状化などである。沿岸域での居住は、このような地域、場所を避けて定着していったと考えられる。科学技術が進み、強固な建築物が建設できるようになって、徐々に居住の可能性が増した。また稲などが耕作できるようになり、海の魚介類に頼らなくても生活が出来るようになって、沿岸部から離れ内陸に移住していったようである。

2.3　沿岸域と生気象

　生気象学とは大気現象と生命現象の関係を追及する学問である。大気現象とは天候、気温、相対湿度、気圧、雨などをさし、生命現象とは体温、脈拍、血圧など、健康を維持するための働きをいう。沿岸域は周囲に遮るものが無いため風が強く、雨も多い。また気温も海洋性気候

なので太平洋岸暖流域は温暖だといわれている。このような気候は人間の生存にどのような影響を与えるであろうか。風が人体に当たれば体温を奪う。皮膚が雨で濡れば、皮膚の温度が下がるのが分かる。温暖であることは、人体の体温を維持するための衣服も少なくでき、暖冷房装置の稼働も少なくて済む。沿岸域の気候は人間の生存や建築物の設計にどのように配慮すれば良いかを、人間の生存の基礎に立ち返って考える必要がある。

人間が海を好むのは、地上の生態系の源が海から来たからである。海（暖流）の存在により、気候が温暖で気温の日・年較差が小さく、身体に負担が少ない。人間は体温が代謝熱で維持されている動物である。その体温が熱帯地域に適している。気温の日・年較差が小さいと、変化に対処する熱エネルギーが少なくて済む。

身体に関する熱的要素は、代謝、放射、対流、蒸発である。代謝量をM、蒸発による放射量をE、放射による放射量をR、対流による放射量をC、体内蓄積量をS、とすれば、

$$M = E \pm R \pm C \pm S \qquad (2.3.1)$$

である[2.3.1)]。新陳代謝とは摂取した食物が人体内で熱エネルギーに変わることをいう。摂取するエネルギーが消費するエネルギーと必ず釣り合う。S項が有るようにもし消費する熱エネルギーが少なければ体温は上昇し、多ければ体温は下降する。

放射とは、沿岸では太陽、空気、土、海面から放射される熱エネルギーで、放射面が皮膚の温度より高ければ放射は吸収され、逆に皮膚の温度より低ければ放散される。海浜にいて強い日差しに当たると皮膚が暑く感じ、体もほてるのを感じる。また夏季日中、日射により海砂が暑くなり、素足では歩けなくなる時が有る。このような時、海砂の表面から身体に向けて強い放射を受けている。逆に夜間は海砂の温度が体温より低くなるため身体から放射が出て海砂に向かう。建築物の中にいても同様のことが起こり、壁面、天井面、床面より体温が低い時は、これらの面から身体は放射を受け、高い時は面に向けて身体から放射が出る。

対流は、そよ風が皮膚に当たった時、涼しく感じるように、空気の流れによって皮膚から熱エネルギーが奪われることをいう。周囲の空気が体温より高ければ対流により熱エネルギーが皮膚に与えられる。対流による熱エネルギーの授受は極めて大きく、冬季の冷風は身体から熱を奪い、体温低下により危険な状態に陥ることがある。高い建築物の場合、天井と床では温度差が有り、室内に対流が起き易く寒く感じるのもこの理由による。蒸発は皮膚から蒸発するものと、呼吸によって失う熱エネルギーの二種に分かれる。皮膚からの蒸発は露出面の広さ、気流の大きさ、相対湿度に関係する。海浜での活動のように水着や短袖、短パンのように皮膚の露出面の大きい場合、蒸発量は大きくなる。

相対湿度とは、空気中に存在する水蒸気量を、その温度で空気が含みうる最大の水蒸気量で割って百分率で表現したものである。最大の水蒸気量を飽和水蒸気量という。この最大値を超えると凝結し、雲や霧、さらに雨となる。相対湿度が高いと少ししか蒸発できず、低いと多量の蒸発が可能である。気温が高いと空気中に含められる水蒸気量も多い。日本の気候の特徴は夏季高温高湿で、暑い時に放出できる水蒸気量が少ないため、体温を下げにくい。また呼吸に

よる蒸発は、運動した後呼吸が多くなり、熱を放出していることからも分かる。

　人間は身体の中央部の温度を、放熱、対流、蒸発の作用により僅かな温度範囲を維持している定温動物である。これらの作用が滞ると、体温の上昇や低下をまねき身体の快適さが損なわれるだけでなく健康が失われる。人類は熱帯地方で発生しただけに、暑い気候には慣れている。皮膚に汗を生じさせる機能を持たせ蒸発により体温を調整できる。夏季炎暑下の海浜で人々は遊ぶが、発汗により体温を調節している。また他の人々は木陰や日除け、海の家に入り、直射日光を防いで体温の上昇を防いでいる。

　暑さより、寒さに対する対策が身体にとってより重要である。時代を経て人類は熱帯地方から出て、北方へ移動する。気候変動により食糧になる植物や動物が無くなったなど、出て行かざるを得ない理由があったのであろう。獣皮を被って寒さに耐えたり、火を使うことを覚え、肉を焼いて保存できるようにしたりして体力を付け、寒い北方への移動が可能になった。

　人間は恒温動物であり、真冬屋外に放置されれば凍死し、真夏太陽下に長時間居れば熱中症になり重篤の場合死にいたる。人間は熱帯地域で生まれたために、暑さに対しては適応能力があるが、寒さに対しては防御能力が低い。外部気候に対する人間の調節反応は田中正敏によって図示され[2.3.2)]、中央に至適温域があり、その外に中性温域、さらに恒温適応域がある。この範囲より下がると低体温で凍死に到り、範囲より上がると高体温で熱中死につながる。人間の中心体温（直腸温）が35℃以下になると、低体温症となり25〜20℃で昏睡・仮死、さらに下がり20℃以下でほぼ死亡する。

　古代人は冬季生き延びるために様々な工夫を重ねたが、日本列島の周囲に黒潮や対馬暖流が流れ温暖な気候をもたらすことは古代人にとって自然からの大きな恵みであった。竪穴、横穴を掘り土中温度の助けを借りたり、寒い北風を避けるため木を植えたりした。人自身も動物の毛皮を剥ぎ、裏表逆にして着て寒さを凌いだ。それでも寒さに耐えられず、失われた命も多かったと考えられる。

　人間にとって生命を維持する温度について記したが、次に快適な温度・相対湿度の範囲を考える。人体の熱放射量 L は、気温 θ、相対湿度 ϕ、輻射 R、気流 v の関数である。

$$L = f(\theta、\phi、R、v) \tag{2.3.2}$$

　室温、相対湿度を調節できる環境実験室を用いて、様々な室温、相対湿度を設定し、被験者へアンケートを行い、快不快を調べている。実験の結果得られたのが ASHRAE の新有効温度 ET*と図2.3.1の快適線図である[2.3.3)]。実験条件は、着席、着衣量0.6clo、気流0.25m/s以下である。横軸が乾球温度、すなわち室温で、縦軸が絶対湿度である。斜線領域が快適範囲である。今、室温が24℃、相対湿度が60％の時、横軸の24の値から上方に線を引き、相対湿度60％の線との交点を求めると快適範囲に入っていることが分かる。この範囲に入らないと不快という意味ではなく、範囲から離れると不快に感じる人々が割合として徐々に増えること

を意味する。海洋性気候は、黒潮域では温暖で、高湿といわれる。図 2.3.2 の新有効温度線図で表現すると、温暖は快適範囲に近づき、高湿はその範囲から離れる。

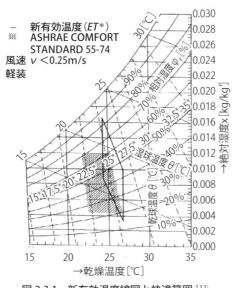
図 2.3.1　新有効温度線図と快適範囲 [2.3.3]
（出典：空気調和・衛生工学便覧）

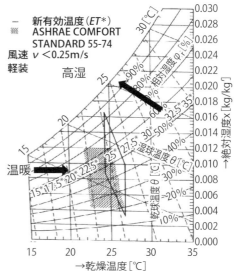
図 2.3.2　新有効温度線図と海洋性気候 [2.3.3]
（出典：空気調和・衛生工学便覧）

沿岸域の臭い

　海岸に近づくと、海独特の臭いを感じる。夜、旅館の窓を開けて潮騒の音を聞きながら、嗅覚で海の臭いを感じると、海の近くにいる雰囲気を強く味わえる。心が安らぐ瞬間である。しかしこの臭いは心地よいときもあれば、強すぎて不快になるときもある。海の臭いに関する研究は極めて難しい。それは嗅ぐ人の感覚や意識、臭いそのものが多種の臭気物質の集合であるからである。杉沢博は磯の香りの成分分析を行い [2.3.4]、海浜の匂いの成分としてオゾン、有機ハロゲン化合物及び、海水・海藻の揮発成分を取り上げ解説している。宇多高明らは海岸の生物腐敗により生ずる不快臭の発生過程を調査し、抑制には海水交換が必要であるとした [2.3.5]。上月康則らは磯や港の固着生物から海の臭いが発生することを明らかにし [2.3.6]、樋口隆哉らは海の臭いの感覚的評価を行い、潮汐、日光との関係を記した [2.3.7]。これらの研究者から得られた海の臭いに関する知見は次のように要約できる。

①海浜の匂いの成分は、オゾン、有機ハロゲン化合物及び、海水・海藻の揮発成分である。
②海水交換が十分でない海域では、夏季 1、2 日で海岸生物の腐敗により不快臭が発生する。
③臭いの発生要因は、海水や砂ではなく、磯や港に付着する生物である。香りの質は光の影響を受ける。
④光による生物活動の活性化と、干潮時の潮間帯の広い露出面積が、臭気を強くすると推定できる。
⑤海に接する頻度が高い人ほど、潮や磯の香りが海岸環境の重要な構成要素と捉えている。住民は磯の香りを快適で必要なものと感じている。

2.4 沿岸域の波の音

2.4.1 波と可聴音

　海浜へ行く楽しみの一つに打ち寄せる波の音を聴くことがある。寄せては去っていく波の音、砕ける波の音はいつ聴いても心地良い。波の音は聴く場所により異なり、汀線のように波がまじかに見ながら聴く場合は、強弱、音色、リズムもはっきりと聴ける。汀線から離れて海浜全体が見通せる位置で聴くと、リズムが消えて、ザーッとした連続的な音になる。波の音は心地良い時だけでなく、強風、台風のように堤防に押し寄せる波の炸裂音は恐怖を感じ、思わず後ずさりする。これら波の音の土木建築分野における研究は、可聴周波数域に関して灘岡和夫らのものがあり、波の音に対する研究から次のことを明らかにした[2.4.1)～2.4.5)]。

①学生を被験者とした心理調査から、海岸らしさを形成する重要な要素は、12項目中、砂浜について波の音が選ばれた。
②波の音のリズム性が心地よさに依存する。
③リズム性の現れ方は、砕波帯相似パラメータ、すなわち海底勾配を入射波波形勾配の平方根で割った値、に支配され0.6以上になるとリズム性が顕著になる。
④砂浜は吸音材として作用し、高音域が吸収されるので砂面では音はマイルドになる。
⑤波の音の持つランダム性が不特定多数の人々にポジティブに受け止められる。

　これらの事項から海洋空間に景観などを含めたトータルデザインが可能であるとしている。

　寺島貴根、杉山洋明は海岸線に隣接する大学キャンパスにおいて波音の測定を行い、汀線から距離による減衰を明らかにしている[2.4.6)]。超音波周波数域に関しては次節2.4.2の堀田健治らがある。また海辺のサウンドスケープに基づく環境計画は亀山豊、田中直子らが実施している[2.4.7)]。

2.4.2 沿岸域の波と超音波 [2.4.8)]

(1) 沿岸域の波音

　我々は日常生活の中で様々な音に囲まれている。音楽など人工的に発せられた音や自然の音など、常に何らかの音に曝されている。また音を認識する聴覚は絶えず機能しており、その音は人間に快・不快をもたらす重要な要因の一つである。沿岸域における可聴音を中心とした波の音の研究においても、波音が人間に心地良さを与えるものとして評価されてきた。これらの研究は、主に波の可聴音を対象としてリズム性や音圧などの物理指標と主観評価を用いられている[2.4.9)、2.4.10)、2.4.11)]。

　近年録音機器や計測器の発達に伴い、広帯域の音や音の性質がより詳細に分析できるようになったこと、また人間の生理現象を容易に計測できるようになったことなどから、音刺激に対しても生理的側面も重要視した研究が進められるようになった[2.4.12)、2.4.13)、2.4.14)、2.4.15)]。従来、主に可聴音に限られていたが、近年可聴域のみならず超音波（20kHz以上）を含んだ音環境の分析が話題になりつつある。一般に20kHz以上の超音波は人間には聞こえない音として存在

しているが、これら聞こえない音も人間に影響を及ぼしているとの研究が見られ、超音波を含めた音刺激を用いた実験では脳波（α波）が有意に活性化したとの報告が音響学の分野でなされているなど、不可聴域の超音波が音として、人間の中枢神経に伝達されるとの報告が見られる[2.3.16)、2.4.17)、2.4.18)]。

本節では沿岸域を音環境の面から評価する基礎資料を得ることを目標とし、超音波を含む波音の再生音を用いて超音波成分の有無が人間の脳波及び心理に及ぼす影響について被験者を用いた実験を行い、その特性について検討することを目的とした。一般に音刺激に対する反応は上記の脳を中心とする中枢神経系である生理面と心理面が指摘される。生理反応と心理反応とは、いわば車の両輪のような関係にあるが、必ずしも刺激に対して同質の反応を示すとは限らない。すなわち生理はホメオスタシス的に働くのに対して、心理は被験者の経験や置かれた環境に左右されるなど、生理に比べ個人差が生じやすい。性格や適性は個人差に類するものであるが、超音波という刺激に対して性格等の違いがどのように関わってくるかについては、まだ不明な点が多く、方法論も含め今後の研究を待つところが多い。実際これら研究成果の具体的適用や評価に対して、より個人差を考慮する研究に重点が置かれる方向にあって、本節では感情プロフィール検査POMS（Profile of Mood States）[2.4.19)]を用いながらこれらの方法がどの程度有効かについても検討を加える。

一般に音は縦波として、空気の粗密を形成し伝播していき、その高さと強さは周波数と音圧で表現される。我々が通常耳にする音は周波数の低い低周波から超音波まで広い周波数により構成されている。これら周波数のうち人間が聴覚器官を使って聞くことができる帯域は、個人により差があるが一般に20Hz～20kHzの間であり、20Hzより低い周波数帯域は低周波と呼ばれ、主に振動として感知される[2.4.20)]。一方20kHz以上の周波数は超音波と呼ばれ、人間には聞こえない音として存在している。

一般に超音波は、可聴域の音のように鼓膜の振動が基底膜より神経細胞を介して大脳に伝達されるのではなく、骨振動、皮膚振動を通じて大脳に伝達されるとしている[2.4.21)、2.4.22)、2.2.23)]。人間の可聴域を超えた超音波については、主にオーディオ関係の分野で検討されてきたが、人間に聴こえないことから議論として存在したものの、扱いについては、対象外であった。近年、マイクロホンの性能をはじめ、オーディオ技術の発達によって超音波の存在が確認されるにしたがい、主に音響分野において、超音波の影響について究明する必要が高まり、幾つかの実験が行われてきた。これら実験では超音波を豊富に含む音楽（ガムラン音楽：インドネシアの民族楽器による音楽）を被験者に提示し、脳波（α波）を計測したところで、有意に活性したとの報告[2.4.24)]がある。また、超音波の有無による音質の評価実験や人工的に超音波域を含めたピンクノイズを発生させて被験者に呈示し、脳波を計測した実験[2.4.25)]など脳波の活性に関する研究報告がある。このことから、超音波刺激に対する心理解析のみならず、脳波や脳の血流、心拍など、生理指標を用いた解析を加える必要性が大きくなった。

（2）実験

実験は高周波帯域が再生できるオーディオシステムであるスーパーオーディオCD（SACD）により収録された波の音を、フィルターを用いて可聴域のみ呈示させる音（可聴音）と可聴域及び超音波領域（20kHz以上）も併せて呈示させる音（可聴音＋超音波）の2種類を作製し、それぞれを被験者に呈示し、このとき被験者の脳波を計測する。さらに呈示音による心理変化をみるためにPOMSと脳波反応との関係を確かめることにより、生理・心理両面から、波の音に含まれた超音波成分が人間に及ぼす影響を調べる方法とした。無響室で呈示音を90秒間聴取した後、控え室に戻りPOMS質問用紙に記入する。これを2回行った。

実験に使用したスーパーオーディオCDはジャマイカの海岸で収録された波の音で、その再生音は55kHz近傍に超音波音圧のピークを有するものである。尚、可聴音のみの呈示音と可聴音＋超音波の呈示音をそれぞれ無響室で再生し、100kHzまで収録可能なマイクを用い周波数分析を行った結果を図2.4.1に示した。被験者位置での呈示音のオールオーバー音圧は63dBである。

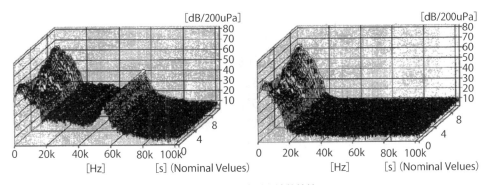

図2.4.1 呈示音の周波数特性

図2.4.2のようにスーパーオーディオCDプレーヤーからの呈示音は、プリアンプを通り、フィルターから可聴音のみと可聴音＋超音波に切り替え、次にパワーアンプを通し、可聴域用スピーカーと100kHzまで再生可能な高周波用スピーカーで音を再生、被験者に伝える。

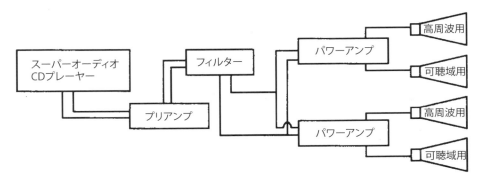

図2.4.2 再生機材構成図

音呈示方法は図 2.4.3 に示したように 30 秒間の脳波安静を確認した後、可聴音のみ及び可聴音＋超音波をランダムの順番に聴取させた。また、前の呈示音による刺激の影響が残らないように、呈示音と呈示音の間に 15 分間の休憩時間を設けた。その後、30 秒間の安静後、1 回目とは異なった呈示音を被験者に 90 秒間呈示した。尚、被験者には聴取実験の説明のみで、超音波の有無や呈示音の順序は分からないようにした。

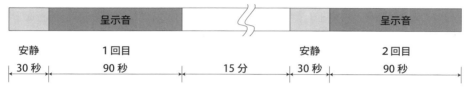

図 2.4.3　計測及び呈示時間

人間の脳波は、脳を構成する神経細胞の活動にしたがって発生する活動電位を頭皮に付着した電極から読み取るもので、δ波（4Hz 未満）、θ波（4Hz 以上、8Hz 未満）、α波（8Hz 以上、13Hz まで）、β波（13Hz 以上、13Hz は含まない）に分類される。本実験で頭皮上 12 部位に電極を付着することで、脳全体の脳波を記録、脳波の活性部位のマッピングを行う。これまでは脳波を計測する際、実験者が細心の注意を払ってもアーチファクト（脳波以外の雑音成分）の混入がしばしばみられ、脳波の誤判読を招く結果となり、これにより脳波判読精度の低下を引き起こすことが多かった。そこで、アーチファクトの影響を減らすために、検出された脳波の波形に着目し、波形の変動や量的・質的な面からアーチファクトが混入された被験者と実験中寝た被験者を抽出し同時に比較・検討することにした。

本研究では 12 個の電極から送られた脳波データに 5.12 秒ごとの周波数解析（窓関数：ハニング、FFT ポイント：1024、分解能：0.2Hz）を行い、音呈示直後に起きる一時的脳波反応を除去するため、呈示後 5 秒からの脳波データを使用し、呈示音呈示後の 90 秒までの脳波を解析の対象とした。尚、呈示音の呈示時間や解析時間は、既存の研究から超音波による聴覚誘発電位（Audiotory evoked potential、AEP）の反応時間などを考慮した時間である[2.4.26)、2.4.27)]。

呈示音による気分や感情といった主観的側面も知ることは重要であり、そこで本研究では、気分を評価する質問紙法の一つとして米国の D.M.McNair らによって開発された「プロフィール検査（POMS）」[2.4.28)]を使用することにより、音呈示による気分・感情の状態把握を試みた。POMS は被験者がおかれた条件によって、変化する一時的な気分・感情の状態を測定できる方法として知られている。ここでは、本手法で用いられている「緊張―不安（Tension ― Anxiety）」、「抑鬱―落ち込み（Depression ― Dejection）」、「怒り―敵意（Anger ― Hostility）」、「活気（Vigor）」、「疲労（Fatigue）」、及び「混乱（Confusion）、以上の 6 つの気分尺度を用い、これら 6 つの因子ごとの得点から呈示音による影響をみることにした。

5.12 秒ごとに周波数帯域別脳波データを取得し、脳波の各周波数帯域の量的増減を中心に解析を行った。可聴音のみと可聴音＋超音波の呈示ごとに得られた各被験者の 12 電極の脳波

を周波数分析し、δ波、θ波、α波、β波の帯域に分類した後、被験者ごとの各脳波量（音呈示後5秒～90秒まで）から可聴音のみと可聴音＋超音波の差を求め比較した。可聴音＋超音波を呈示した時の方が可聴音のみより脳波が活性した人数を調べその結果を表2.4.1に表した。左1列目は性別と被験者数である。α波を見ると約7割以上が増加している。

表2.4.1　脳波の周波数別量的増加人数

	δ wave	θ wave	α wave	β wave
Male（13）	3	5	9	5
Female（13）	6	6	10	6
TOTAL（26）	9	11	19	11

　図2.4.4はα波をα1（8～10Hz）、α2（10～13Hz）に細分し、可聴音と可聴音＋超音波呈示時の5.12秒間隔ごとに、α波の挙動を時系列で表したものである。図中、縦軸はPower（μV^2）、横軸は時間を示している。図2.4.5は超音波呈示時のα波変動マッピングを時系列で表した一例である。全体26名の可聴音と可聴音＋超音波呈示音のα波の挙動グラフからみると可聴音＋超音波呈示時、α1が呈示直後に増加し30秒を過ぎると落ち着きをみせ、またα2は呈示後30秒を過ぎた時点から大きく増加し、長く持続する傾向をみせた。これは可聴音のみのα1、α2の穏やかな動きとは対照的な反応である。超音波を付加してから脳波反応時間がおおむね20秒が費やされるとの既存の研究結果とほぼ一致した結果となった。

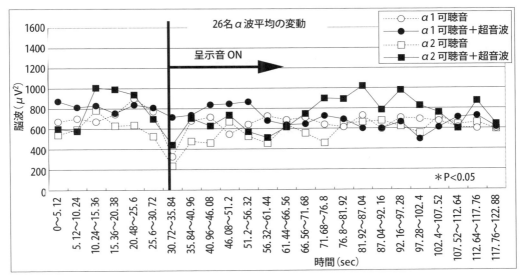

図2.4.4　全被験者のα波挙動

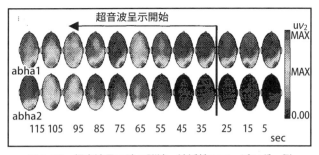

図 2.4.5　超音波呈示時の脳波α波活性のマッピング一例

　各呈示音の呈示後に POMS テストを行い、得られた 65 項目の 5 段階評定値から 6 つの因子に分け、因子ごとの T score を用い比較した。図 2.4.6 は男性、女性の平均 T score を呈示音ごとに表したもので、多くの因子が可聴音のみの呈示音呈示時より可聴音＋超音波呈示音を呈示した時 T score が下がり、良好な状態を示した。男性被験者の場合「怒り―敵意（A―H）」、及び「混乱（C）」の因子で有意差が認められた。男性被験者の方が可聴音＋超音波呈示音に含まれた超音波成分に反応しやすく、女性被験者は超音波による心理反応が明確には表れなかった。また、「怒り―敵意」、「情緒混乱」が著しく改善された男性被験者は可聴音＋超音波呈示音を聞きながら音に集中しリラックスしたと考えられる。

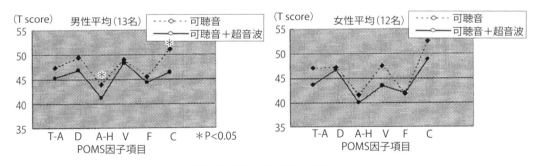

図 2.4.6　男性・女性ごとの Tscore

2.5　タラソテラピー [2.5.1)、2.5.2)]

2.5.1　タラソテラピーと実験

　タラソテラピーは海洋療法ともいわれ、海辺で潮風や日光を浴たり、新鮮な海水、海藻などの海洋資源を利用して、人間が本来有している自然治癒力を活かしながら、心身の機能や病気を治療する療法であり、年齢を問わず健康維持の手段として、広く行われている[2.5.3)]。海洋療法の歴史は古く、これまでフランスやドイツその他、死海を中心としたイスラエルなど、地中海地方を中心として発達してきた。近年、日本においても沿岸域を取り巻く自然環境資源を見直すことが高まり、海洋療法施設も新しく沿岸域の大気や海水の特性を利用する施設として注

目されるようになった。これらの施設では、浮力によるリラックス、運動機能の回復や向上、その他健康維持をはかることを目的として利用されている。現在、三重県と千葉県にフランス型の海洋療法施設が導入されているが、気候や文化、生活習慣の違いから新しい日本型の海洋療法施設のあり方について検討することが課題となっている。

　そこで本節では、日本で海洋療法施設を計画する場合、最初にこれまで曖昧であった浮遊時の心理的感覚について把握する必要があるとの認識から、図 2.5.1 のように塩水プールを用いた浮遊実験を行った。また、心理的状態と生理的反応との間に何らかの関連性があると考え、浮遊時の心拍数の変動に着目した解析を試み、両者の関係について明らかにした。実験では、実験施設内の明るさを変化させ、これらの影響についても考察する。本来、年齢や男女差により、浮遊に対する感覚は異なると予想されるが、被験者は 20 代男女を対象とした。

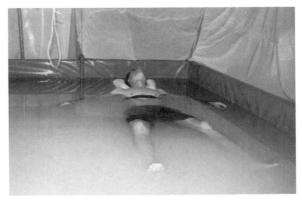

図 2.5.1　塩水プールでの浮遊状況

　実験で使用したプールの大きさは成人 1 人が浮遊をした時、多少移動しても足や手がプールのふちに触れることのない大きさとし、3m × 2m とした。また水深は不安がなく立つことのできる深さとし、0.8m に設定した。なお水温を一定に保つためのヒーター、プール内の水を循環・ろ過させる装置を設置した。プールは屋外のテント内に設置し、太陽光を遮断できるようなシートを用いて、テント内の明るさを制御できるようにした。なお、被験者は水着、スイミングキャップを着用してプールに入り、仰向けの姿勢で無理のないように浮遊する方法とした。これらの概要を図 2.5.2 に示す。

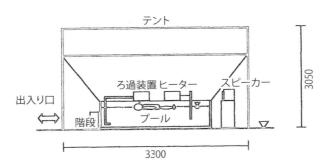

図 2.5.2　実験施設・被験者の浮遊体勢

環境条件として、水温は人間の身体に負担が少ない「不感温度」、35.0 ℃に設定した。供試音楽は浮遊に集中するための聴覚刺激として、CDによる波の音を提示した。平均室温は31.5 ℃、平均湿度は75.5 %で、明るさは自然光条件（2.93 × 10^3 ルクス）、暗闇条件（0.0ルクス）、照明条件（ブルーのライトによる間接照明3.0 ルクス）の、3種類の条件を用いた。被験者は20歳代男子学生30名、20歳代女子学生28名である。浮遊実験は、自然光、暗闇、照明の条件について行い、各条件の浮遊時間は15分とした。また各浮遊実験の合間には別室で30分の休息をとり。この間にSD法アンケートに記入してもらった。なお心拍数計測計は被験者の心拍数の時間変動を知るため、プール実験前より装着させ、安静時計測（ベッドの上に横たわった状態で心拍数を計測）、休息時間を含む全浮遊時の計測および、実験終了後の計測まで含め連続して測定を行った。

SD法プロフィール・快適度評価クロス集計

各被験者を解釈される対象とし、変量に形容詞対を用いて因子分析を行った。更にその因子得点をクラスター分析して被験者のグルーピングを行い、本実験で用いた視覚条件ごとの特徴を検討する。図2.5.3は形容詞対（18個）を用いた7段階評価によるアンケート調査用紙で、図中のグラフは結果のプロフィールを示したものである。なお本プロフィールは左側に悪い印象、右側に良い印象と実際に用いたアンケート用紙での形容詞の配列を整理しなおし、浮遊条件毎に示してある。これから分かるように、全体的に「穏やかな」、「落ち着く」などの項目で良い評価を得ている。照明有りの評価が最も良く、58名中51名が快適と回答し、次いで自然光の58名中39名、暗闇で58名中38名という結果になった。

浮遊時における心理評価を見るため、本実験で用いた自然光・暗闇・照明の3条件を総合し、因子分析を行った。プールで浮遊するというイメージは、「楽」、「安らぎ」「リラックス」、「開放」の4つの軸で構成されることが分かった。本実験で用いた3条件については、自然光における塩水プールでの浮遊は楽しむ感覚が強く、浮遊を楽しんでいる状況を示しており、イメージは良く、開放感が強い。暗闇での浮遊は非常に快適であり、かつ楽しんでいる被験者が多いが、快適度が低く楽しむ感覚も低い被験者も多く存在し、暗闇に対して不安感・嫌悪感を抱く被験者も少なくないことから、評価が両極に分かれたといえる。

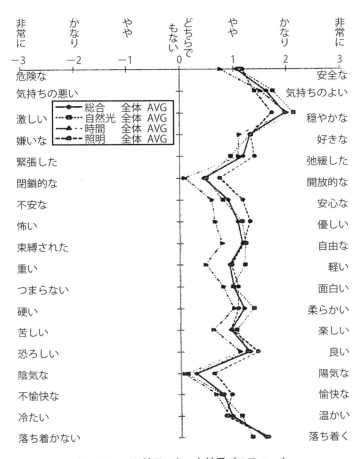

図 2.5.3　SD法アンケート結果プロフィール

　照明での浮遊は他の2条件と比較して、ほとんどの被験者に対して快適であり「楽しい」という印象を与える。暗闇に対して抱いたような不安感・嫌悪感はほとんどない。また、クロス集計結果でも最も評価が良かったことから、3条件の中で最も受け入れられやすい環境条件であったといえる。

2.5.2　心拍変動

　心拍計により計測した各被験者の5秒おきの心拍数データをFFTによりスペクトル解析し、1/fゆらぎの存在を検討した。この1/fゆらぎとは、パワースペクトルが周波数fに反比例するようなゆらぎの総称で、これを両対数表示した時の回帰直線の傾きが、－1となるものを1/fゆらぎと呼んでいる[2.5.4]、実際には傾きが厳密に－1ばかりでなく、－0.5～－1.5の範囲のもの1/fゆらぎといわれており[2.5.5]、快適性の指標の一つとされていることから、この1/fゆらぎを心拍数変動の中に確認できれば、生理的に快適な状態であるとした。プール浮遊時における実験開始前から終了後までの全心拍数を被験者10名について計測を行った。これら心拍数計測データの1例を図2.5.4に示す。これから分かるように図中、心拍数の変動が低

くなっているところが浮遊中の状態で、左から自然光浮遊中、暗闇浮遊中、照明浮遊中となっている。また高くなっているところが実験の合間にプールから上がって、休息している時の状態を示している。これらの傾向は全被験者に見られた。男性被験者においては安静時の心拍平均69.5に比べ、暗闇、照明浮遊時の平均心拍数が低くなっている。女性被験者においても同様の傾向を示した。

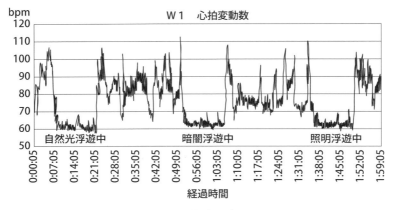

図2.5.4　心拍変動グラフ

各条件による心拍数とゆらぎ

　全体を見ると時間の経過と共に女性では平均心拍数が低下しているが、男性被験者では必ずしもこの傾向は見られなかった。一方、ゆらぎについては上記したように照明浮遊時で最も−1に近づいた。このように各条件を入れ替えた実験をしても、それぞれの条件での特性が出るのではないかと考えられる。今回の実験では照明浮遊が一番良い条件となったが、これは視覚刺激が自然光浮遊に比べ少なくなること、また浮遊後のアンケートでも指摘されたが、暗闇浮遊では逆に不安感をおぼえるなどに起因しているものと考えられる。

　まとめると以下のようになる。
　①因子分析の結果、浮遊感覚は「楽」、「安らぎ」、「リラックス」、「開放」の４つの軸で構成されることが分かった。
　②自然光、暗闇、照明の浮遊条件の違いにおける心理評価では、照明での浮遊において、快適で楽しんでいるという高い評価を得る結果となった。一方、自然光浮遊はイメージのよい、開放感が得られる条件であるといえる。また、暗闇浮遊では睡眠時を想起してか、落ち着くという評価もあるが、暗いことから不安を感じるという評価に分かれ リラックスの観点からは慣れることが必要な条件であるといえる。特に女性被験者に不安を感じる者が多かった。リラックスを得るための施設には自然光条件を用いたほうが良いという結果を得た。
　③安静時の心拍と浮遊時における心拍数の比較では、男女被験者とも浮遊時の心拍が安静時よりも低くなる結果を示した。

④男女被験者とも心拍のゆらぎにおけるスペクトル解析の結果をもとに、周波数の変化を直線近似して求めた近似線の傾きは、－0.5～－1.5の範囲に含まれる1/fゆらぎを示し、生体に無理のない状態と思われる状況を示した。

⑤照明浮遊が良い評価をした被験者の心拍のゆらぎは1/f状態を示すなど、心理と生理の関連性が見られた。

コラム
海と建築物

海辺は療養所
―古代のギリシャの時代から「海は人間の病気を治療する」―

　古来より、海辺の気候が人間の持っている自然治癒力をひきだし、これが病気予防や治療に役立てられてきた。そのため、当時不治の病とされた結核などの療養所が海辺に建てられた。

　海洋気候や海水そのものが健康維持や病気治療に効果があることは、紀元前480年に古代のギリシャ詩人エウリピテスが、「海は人間の病気を治療する」と述べ、紀元前420年には医学の開祖ヒポクラテスが海水入浴を提唱、治療として海水の外用（海水浴）、内用（飲料）を実践したといわれている。近代に入って、これらの効果を医学的に発展させたのが、ルネカントンである。彼は海水の成分と人間の血液の成分がよく似ていることから、海水による治療効果の実験として、1897年、犬の血液の代わりに海水を注入して犬を生存させたという研究結果がある。これが生理的食塩水のもととなった研究といわれている。

　現在、フランス、ドイツそのほか地中海地方では、タラソテラピー（海洋療法）として確立し、保険適用となっている。多くのタラソテラピー施設では、ちょうど日本の温泉療法と同じようにとても人気が高く、健康保養地ともなっている。日本でも奄美から青森まで多くの施設が存在し、新しい沿岸域ならではの健康・美容施設として人気がある。

　その根拠となっている海洋気候の特徴は、
　温度：海水が、夏に太陽熱を吸収し、冬に放出、また、昼間に吸収、夜間放出することから安定した気温が得られる。
　湿度：海水の蒸発により、同じ地域では湿度が常に一定で高い。
　気圧：海面付近では気圧が高く安定しているため、呼吸機能不全に対してよい影響を及ぼす。
　風：陸と海との温度差により常に風が存在する。この風が皮膚を刺激し毛細血管が収縮し、体組織との熱交換を促し、血行運動が活発となる。
　微生物：空気が清浄で微生物が少ない。
　海洋の空気は清浄で微生物が少なく、また海面付近では波などにより海水の気泡が発生し、微細な粒子となって遠くまで飛来する。この微粒子には微量元素、各種ミネラル、ヨウドなどが含まれ、呼吸系を介して取り込まれる。
　浜辺の散歩や海水浴は、健康に良く、海でケガをしたら海で治せともいわれるが、まさに浜辺は病院といえるのではないか。

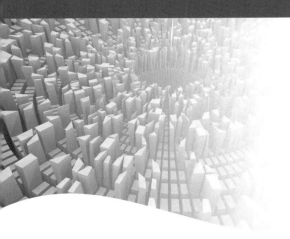

第3章 沿岸域と建築

3.1 沿岸域と建築物

3.1.1 沿岸建築物の定義と分類

　人間が住む空間は安全性と保健性が求められる。安全性とは物理的に安全が確保される、すなわち地震、津波、台風、豪雨、火災などにより建物が損傷しないことである。保健性とは健康が保証されることで、これらが満足されて次に快適性が問われる。安全性は構造工学により希求され、保健性、快適性は建築環境工学で取り扱われる。保健性、快適性は住む地域の気候に左右される。気候要素は気温、相対湿度、降水量、風速・風向、気圧、日射量などであるが、沿岸域では、とくに気温、相対湿度、降水量、風速・風向が重要である。

　沿岸域の建築物に関する書籍として、佐久田昌昭「海洋建築入門」[3.1.1)]、加藤賢一、植村誠「いつかは海辺で暮らす」[3.1.2)]、畔柳昭雄らの一連の書籍「海洋建築の構図」[3.1.3)]、「海洋性レクリエーション施設」[3.1.4)]、「東京ベイサイドアーキテクチュア ガイドブック」[3.1.5)]、「海の家スターディズ」[3.1.6)]、「舟小屋—風土とかたち—」[3.1.7)]、などがある。

（1）沿岸建築物の定義

　沿岸建築物とは、沿岸域の持つ特性の影響を受ける建築物である。沿岸域の持つ特性は、力学的、建築計画的、建築環境工学的の3種類に分かれる。力学的とは海の持つ力学的要素、すなわち浮力、流体力、高潮、津波、強風などの影響を受ける建築物をいう。建築計画的とは漁村、海浜リゾートや沿岸都市など独特の計画を行う必要のある個々の建築物と建築群が対象である。建築環境工学的とは塩害、高湿、高日射などに考慮が必要な建築物である。

（2）沿岸建築物の分類

　沿岸域の建築は海洋、気象、地理、建築の4要素によって分類できる。地域や時期によっ

て各要素の重みは異なる。海洋、気象要素は時期によって変動し、地理、建築要素は固定的である。

①海洋要素：
 海流（黒潮流域、対馬海流流域、親潮流域など）
②気象要素：
 a．降水量
 b．風速
  ⅰ．基準風速による区分（30m/s〜46m/s）
  ⅱ．風力階級による区分（階級0〜10）
 c．気温・湿度（季間蒸暑地域、季間寒冷地域）
 d．塩分、塩気（塩害）
  ⅰ．海岸からの距離を指標とするRC造建築物の塩害区分（塩害範囲0m〜200m、準塩害範囲1km以内、特殊塩害範囲10km以内、一般地域10km以上内陸）[3.1.8]
  ⅱ．海水の作用を受けるコンクリートの塩害環境区分JASS5 25節の区分（重塩害環境、塩害環境、準塩害環境）
  ⅲ．日本冷凍空調工業会標準規格JRA9002の区分（耐塩害仕様、耐重塩害仕様）[3.1.9]
③地理要素：
 a．海岸形態（自然海岸　磯、礫、砂、泥、海岸段丘）
     （人工海岸　堤防、岸壁、埋立など）
 b．海抜高度（海上、0m地帯、最高高潮面、最大級津波高さ、津波遡上高）
 c．海岸からの距離（海上、陸上平地、斜面）
④建築要素
 a．用途
  ⅰ．住居（戸建、集合）
  ⅱ．工場
  ⅲ．港湾施設、運輸施設、水産施設
  ⅳ．レジャー（スポーツ、旅館、ホテル、海の家、レストラン、海中展望塔、釣り場、レジャーランドなど）
  ⅴ．教育（臨海学校、臨海実習所、海洋研究所、水族館、海事博物館など）
  ⅵ．健康保健（海岸保養所、タラソテラピー、海水浴場など）
 b．基礎・地盤（埋立、軟弱地盤、液状化など）
 c．構造（海上　浮遊　カテナリー係留、緊張係留、ドルフィン係留）
   （海上　杭、ジャッキアップ、着底、軟着底）
   （陸上　木造、鉄筋・コンクリート造など）
 d．量と範囲
  ⅰ．海辺の個別の建物、海の家、海岸別荘、住宅など

ⅱ．建物群
　　　ⅲ．街
　　　ⅳ．海岸都市、沿海都市
　　e．集落
　　水産庁による分類 3.1.10)
　　　ⅰ．散居　　海岸線近くにあるが、一個一個の家が点として存在する。
　　　ⅱ．列状密居　海岸線に沿って線的に家が並ぶ。陸側への奥行きは無く山が迫っている。
　　　ⅲ．集居　　家々が面として広がりを持つ。
　　　ⅳ．塊密居　ⅲより家の立つ密度が高い。

　沿岸域の建築の利用形態は次の通りである。
1. 漁村や水産施設：漁労期に使われる水産施設、倉庫など。古くは北海道のにしん御殿や、京都府伊根の舟屋があり、現在は観光名所になっているものもある。
2. 海岸リゾート施設：海辺の旅館、ホテル、レストラン、釣り場、展望所など。海の家は季節的に水温が高い夏季が中心である。海岸保養所やタラソテラピー施設などもある。温泉地は一年を通じて利用されている。
3. 宗教施設：広島の厳島神社が有名である。
4. 海事博物館、水族館：葛西臨海水族園など多数ある。
5. 港湾施設：倉庫、通関施設、旅客ターミナルなど。
6. 教育施設：臨海学校、海洋実習所、海洋研究所など。
7. 住居：一般住宅、海岸別荘、マンション
8. 臨海工業地帯の施設：工場、石油コンビナートなど。
9. 企業：事務所、高層オフィスビル
10. 軍事施設

3.1.2　沿岸建築物と気候

　沿岸域の気候の特徴と建築との関係を記す。
　①黒潮域の流れる太平洋岸黒潮流域は温暖である。かつ海陸風により気温の日較差、年較差は小さく、身体の気温に対する順化が容易で負担が少ない。較差が小さいことは衣服、建築形状、建築設備の多様性が少ないと考えられるが、日本の場合、四季が有り、その気温変動の方が較差より大きく、較差が小さいことの長所は少ない。
　②多雨である。太平洋岸黒潮流域は降水量が多く 2,000mm 〜 3,000mm に達する。古代人は風雨に曝されると、体温が低下し危険だったので、樹木下に入り風雨を避けた。樹皮と丸木を組み合わせて屋根を作るようになり、雨に濡れることは無くなったが、高湿であることに変わりはなく、木材が腐り、食糧が腐敗しやすかった。したがって相対湿度の高さを軽減するため古来建築的に様々な工夫がなされている。屋根は雨を早く流すため勾配を持たせる。地表に

雨を滞留させないため、排水溝を設ける。高床にして床下の通気をよくする。壁を減らし、柱を多くして、室内の風の通りをよくする。珪藻土、漆喰、和紙も湿度調整の役割を果たす。

③強風である。沿岸域は、一般風に加えて、海陸風が有り、また風を遮るものが無いため、強い風が吹くことが多い。夏季の風は心地よいが、台風も来襲する。冬季、北・北西からのシベリア気団、北・北東からのオホーツク海気団による風は冷たく、体温や室温を低下させ危険である。これを防ぐために卓越風に向けて、防風林や壁を設置したりする。

以上のように沿岸域の気候、すなわち気温の日較差小、年較差小の特性、降水量の多さ、夏季の高温多湿、冬季の低温乾燥などへの、建築的な対応は時代を経るにしたがい、大きく変化した。木材が主で外気候への対応が不十分だった建築から、鉄、コンクリート、ガラスや、空調設備が普及した建築に移り、設計の自由度は増した。沿岸域都市部の高層建築に関する設計は、沿岸域の気候に対処するより、海洋景観の魅力を生かす時代になった。通常、日本で住宅を設計する場合、日当たりを良くするため、建築物を敷地の北側に位置させ、建築物の南面に開口部を大きく設ける。太陽直達を室内に入れることは、採光、暖房、衛生などに有利だからである。日照権も太陽直達を主に検討される[3.1,11)]。しかし沿岸の建築物は海への眺望を優先するため、海側に大きな開口部をとり、方位は二の次となる。海辺に建つ旅館、ホテル、マンション、レストラン、休憩所も同様である。

沿岸域の建築物の問題点は以下の通りで、陸域の建築物に比較してハンディを負っている。

①海面からの高度：

海水飛散、高潮、地盤沈下、津波、海塩粒子などを考慮すると、海抜高度は高いほど安全性が確保される。さらに高度が高いと、遠景や広い眺望が楽しめる。海から高い位置になると、急斜面の時、坂道を上下しなければならない不便さがあるし、斜面の建築物は風が直接あたる。また海岸線から離れ、海浜へ遊びに行くには不便になる。

②地盤：

沿岸域の地盤は自然海岸、人工海岸で異なる。自然海岸は泥、砂、礫、磯、崖などに分かれる。人工海岸は埋立地、干拓地などである。いずれの海岸も砂のように粒子間に間隙が存在すると地震により液状化を起こし、建築物が傾いたり沈下したりする。建築物のみでなく埋設物、電柱、水道なども破損するためライフラインが断たれることがある。

③強風：

海岸に行くと松など海岸林が傾いていることがある。周囲の遮るものが無いため、風は建築物にぶつかる。波しぶきが直接建築物にあたると被害は更に大きくなる。台風では風が強く、風と同時に物が飛び散ることもあり建築物にぶつかり被害を生む。壁面に有る窓ガラスはとくに弱く破損しやすいので雨戸やシャッターを設ける。古い建築物では屋根や壁が破壊されるこ

ともある。

　海岸向きの窓は風が強く開けられないこともある。またベランダに干した洗濯物が飛ばされたり、ベランダに置いた物が風で運ばれて無くなったりする。風と共に塩気が運ばれるため強風時は設備機器、車、自転車に覆いをし、後で水で洗浄すると錆を防げる。庭の物置、アンテナなどは倒れないようにステーを張る。

　強風を避けるために建築物を密集して建てたり、通路を狭くしている事例もある。図3.1.1はある海岸の陸に至る通路であるが、道は車が通れない狭い道幅である。風除けのためコンクリート塀を設けている。

図 3.1.1　海岸付近の狭い通路

　また日本海側では冬季北西方向からの風が強いので、建築物の北側、西側には開口部、窓を設けず、塀、石垣、垣根や物置、屋敷林などを配置して、建築物に直接風があたるのを防いでいる。石川県大沢の間垣、高知県室戸岬の石ぐろ、水切り瓦、沖縄県の漆喰固め屋根、珊瑚の石垣などは「風と建築」に紹介されている[3.1.12)]。

　風圧力、風荷重は下式で求める。速度圧は、速度圧 q、平均風速高さ方向の分布を表す係数 E_r、突風などの影響を考慮した係数 G_f、基準風速 V_0 (m/s)、とすると、

$$q = 0.6\, E_r^2\, G_f\, V_0^2 \quad \text{(N/m}^2\text{)} \tag{3.1.1}$$

である。これらの係数のうち E_r、G_f は、海岸沿いは地表面粗度の影響により田畑・住宅散在地、通常の市街地、大都市とは異なる。V_0 は太平洋岸の鹿児島県、高知県、千葉県房総地域で大きい。

　風圧力 W は、風力係数 C_f として

$$W = C_f\, q \quad \text{(N/m}^2\text{)} \tag{3.1.2}$$

風荷重 P は、風を受ける面積 S（m²）として

$$P = WS \qquad (N) \qquad (3.1.3)$$

である。

　表 3.1.1 は風力階級表である。風速と地上・海上の様子を表している。沿岸では海の波が観察できるので本表を役立てることができる。

表 3.1.1　風力階級表 [3.1.13]

階級	名称	陸上の様子	海上の様子	風速（m/s）
0	平穏	静穏。煙はまっすぐ昇る	鏡のような海面	0〜0.2
1	至軽風	煙がたなびく	鱗のようなさざ波ができる	0.3〜1.5
2	軽風	木の葉が動く	波頭は滑らかに見える	1.6〜3.3
3	軟風	葉や細い枝が絶えず動く	波頭が砕け始める	3.4〜5.4
4	和風	砂埃が立ち、紙片が舞う	白波がかなり多くなる	5.5〜7.9
5	疾風	水面に波頭が立つ	海面全体に白波が見える	8〜10.7
6	雄風	電線が鳴る。傘がさしにくい	大波ができ、しぶきが飛ぶ	10.8〜13.8
7	強風	樹全体が揺れ、歩きにくい	波頭が砕け風下に流される	13.9〜17.1
8	疾強風	小枝が折れる	波頭の端が水煙となり始める	17.2〜20.7
9	大強風	瓦がはがれる	大波。しぶきで視程が落ちる	20.8〜24.4
10	全強風	樹木が倒れ、人家に大損害	非常に高い大波	24.5〜28.4
11	暴風	滅多に無い損害が出る	山のように高い大波	28.5〜32.6
12	台風	記録的被害発生	海陸の境不明	32.7 以上

④湿気：
　水面から立ち上がる水蒸気により沿岸域では湿度が高くなる。暖流域、寒流域を問わず夏季に相対湿度は高くなり 80％前後になる。湿気が建築物に入ると、結露が生じ木材は腐りやすくなる。またカビ、ダニの発生原因となる。塗装も剥がれやすい。沿岸域の砂地盤に建築物を建てると湿った砂からの水蒸気で床下が結露することがある。床下の換気を増すように換気口の大きさと方向を考慮する。土間にコンクリートを打ったり、ポリエチレンシートを敷くと、地盤からの湿気を防げる。

⑤生活上の問題：
　清潔な生活を送る上で洗濯は必須であり、洗濯物を干した時、からっと乾くことが望ましいが、塩分を含む風に曝されると、しっとりとして乾きにくい。室内干しにするか、乾燥機をつ

かうことになる。

⑥樹木と植栽：

　建築物の周囲に樹木を植えておけば強風や台風時に風が直接当たらなくて済むので、隣家との間の境界線に樹木を植える。夏の強い日射も樹木により遮れる。東京の浜離宮庭園は、樹木が多くしかも厚みがあり、庭園内の建築物の防風、防塩、防湿に役立っている。海岸の防波堤と住宅との間に幅広い緑地帯があると防風、防潮、防湿、防塩のため有効である。しかし現実には東京湾沿いの建築物を見ると必ずしもそのようになっていない。

　一般的に植物は塩気に弱い。塩気に強い植物を選ぶか、ビニールシートなどで塩気が直接植物に当たらないようにする。

⑦保守：

　沿岸域の建築物は、定期的に屋根、壁面、基礎などに付着する塩分や汚れを洗い流す必要がある。近年、光触媒によって光に当たると汚れが分解する建築材料もある。室内に砂塵が入り畳やカーペット、ジュータンに溜まる。塩分を含む砂塵は時間経過とともに変質し、変色したりする。

⑧塩害：

　波浪→海塩粒子→風、の順に塩分が風に乗って内陸に運ばれ建築物に付着し塩害が生じる。
ⅰ．金具が腐食し、錆が生じる。建築物に使われる釘・金具、鍵、シャッター、換気口、配電盤ほか金属類や、アンテナ、自転車、自動車などの腐食が速い。
ⅱ．コンクリート内にある鉄筋も腐食し、膨張して表面を被うコンクリートに亀裂を生じさせ、そこから更に塩分が入り込む。
ⅲ．沿岸域では高台の建築物でも手すりが錆びることがある。
ⅳ．海抜数ｍの建築物があり、冬場強風が吹き建築物にかかり、塩害が生じている。
ⅴ．玄関ドアのシリンダー錠が錆びて、鍵が穴に入りにくかったり、回しにくくて交換せざるをえなくなったことがある。
ⅵ．海と反対側に風除け付きクーラー室外機を置いて塩害を防いだ。
ⅶ．海側のアルミサッシは塩が付着すると穴が開くことがある。年に4回程度壁面を水で洗浄し塩分が固着するのを防ぐ。
ⅷ．強風時には洗濯物がべとつく為、早めに取り込むという住民もいる。
ⅸ．磯海岸より砂浜海岸の方が、塩害は激しい。その理由は塩分が砂に付着して建築物に飛んでくるからである。
ⅹ．海向けの重仕様の建築材料、設備類は高価になるので、一般建築物には使われない。車、自転車、電気設備、物置などはガレージなどの中に収納すれば、錆を防げる。
ⅺ．かつて大工は沿岸域で木造の建築物を作る時、杉を使い、壁は漆喰にし、釘を使う場合、亜鉛釘を使った。亜鉛釘は錆びて抜けない長所がある。鉄板が必要な部分は銅板を使った。屋

根には瓦を使うかカラーステンレス、ガルバリウム鋼板を使う。

　海岸縁のレストランがあり、ドアの蝶番などに錆が出ていた。海側の飛沫がかかる場所のステンレス鉄板には表面に錆が出ている。図3.1.2のように2階テラスの床上照明器具は、ガラス板が海側にあり直接の海風が当たらないためほとんど汚れていないが、1階テラスの同じ器具は飛沫、飛砂が当たるため表面の汚れと錆が激しかった。

　　　a：1階露出　　　b：2階海側ガラス壁
図3.1.2　海岸レストランテラスの照明器具の錆

⑨海岸の眺望と魅力

　ホテルや別荘などの沿岸建築物は眺望を楽しむために海に向かって開口部を大きくとる。陸域の建築物が冬の日射を最大限取り入れるために南に開口部を取るのと大きく異なる。また陸域の建築物は、北側は冬の寒い風を防ぐため開口面を無くすか最小にするが、眺望を優先する沿岸建築物の場合は、海が北側に有れば北側に大きな窓を設けることに抵抗は無い。現代のように冷暖房機器が発達すると、昔のように自然に順応した建築物より、海の魅力を優先した建築物を造ることが可能になってきた。海の眺望を確保する沿岸建築物は窓など開口部が大きくなり、エネルギーロスも大きい。とくに南・西に海がある場合、南・西から日射、海面反射があり一日中冷房負荷が大きい。採光に関しては、北向きに海がある建築物の場合、北面の開口部からの光は安定しているし海面からの反射もあり室内は明るく暖かい。西側には西日を避けるためロールスクリーンを用いている。日本海側の旅館やホテルは海に沈む夕陽を楽しむため、海のある西側に開口部を大きく取る。眺望を楽しめる反面、西日によりカーテン、カーペット、調度類、畳の紫外線による変色・劣化が著しい。紫外線カットガラスを採用して、紫外線を軽減しているものもある。

　大都市に接する岸沿いを見ると、海岸線から1kmに満たない陸地に、それも海抜高度が低い土地に、多数のマンション、住宅、オフィスビル、商店街が乱立している。海側に高い堤防があるわけではなく、防災上極めて危険な状況にある。津波時には高層マンションが真後ろの後背地に対して津波を抑える役割を果たせる。一方、海側の高層マンションは、後背地にある住宅群からの眺望を阻害している。

3.1.3　沿岸域にある建築物の事例

　日本で貝塚遺跡の周辺から発掘される竪穴式住居群、これは沿岸建築物の典型的なものであ

る。縄文時代、人々は魚介類の採取に便利な、海岸近くやそれにつながる河川沿いに生活していた。貝塚遺跡は、関東が最も多く、熊本、瀬戸内海、宮城地方に発見されている。必ずしも温暖な黒潮流域全域ではなく、黒潮流域でも魚介類の豊かな干潟が選ばれた。干潟の広い後背地に集落が形成され、増え始めた当時の人口を維持したと考えられている。竪穴式住居は縄文時代、弥生時代を通じてもっとも普及した建築物だった。沿岸建築物で最も問題となる塩害としての錆も、金具そのものが無かったので生じなかった。強風は地面にこい蹲るような貝殻形状で耐え、高湿に対処するために、地面に直接就寝するのでなく、乾燥させた藁、草、皮などを敷きその上で寝起きしたと推定される。竪穴式住居の沿岸域での立地は、自然災害を考慮して、津波や高潮が到達しない高地へ、また作業場は海辺に作られていたことが多くの遺跡から分っている[3.1.14]。竪穴式住居の温熱環境については、北本裕之、中根芳一の研究があり[3.1.15]、河西正吾の住心地の研究がある。

　京都府伊根町の海辺にある舟屋は、一階を舟の、二階を漁労具の収納場所とした建築物である。図 3.1.3 に舟屋の写真を示す。舟屋は個々の建築物でなく群として、強風などの厳しい環境に対抗している。三方を山に囲まれ、湾正面に島が有り、日本海の波浪が遮断される。しかも潮汐差が数十 cm と小さい。したがって飛沫が少なく塩害も少ない。ただし満潮と強風が重なると、飛沫が建築物に飛んでくる。冷たい北風は北側の山に遮られる。海岸部は山中に比較し暖かく雪はほとんどない。

　屋根は瓦で重く、風に耐え塩分にも強い。屋根傾斜は 20 度から 30 度程度で、雨樋が有り、雨は短時間で地上に流す。樋は金属治具で固定しているが錆は出ていない。換気に関しては、海風が吹いている時、海側の船を出し入れする広い開口部から家の中に風が入り、反対側に設けた一階玄関や二階窓から陸側に吹き抜け、通風に対する抵抗が少ない。湿気が室内に籠ることを防いでいる。側面の窓からも換気が可能である。壁に漆喰を用い断熱が行われている。外壁に木板を、錆止めした釘で留めている。採光は海側に船の出入り口が有り、海面からの反射光があるので室内奥まで光が届き明るい。海側二階も窓は大きく室内は明るい。隣家との間隔は狭いが、二階側窓から上空を眺められ、ここからも十分な光が入る。舟屋は木造であるため、釘などの一部しか金属が使われておらず、錆が少ない。木が朽ちれば取り換えればよく、釘で打てば元通りになる。錆も釘頭に発生するだけである。コンクリート、鉄筋は錆などにより亀裂が入り易い。

図 3.1.3　京都府伊根町の舟屋

　大都市沿岸沿いには高層マンション、オフィスビルなど沢山建設されている[3.1.5)]。これらは土地の利便性や経済性によって開発され建設されたもので、必ずしも沿岸の特質を意識している訳でないが、海の眺望を魅力として取り入れている。これらの建築物の特性を以下にあげる。図 3.1.4 に沿岸部の建築物を示す。

図 3.1.4　沿岸の建築物

　①開口部に全面的にガラスを用いて広範囲の眺望を可能にしているが、開口部の太陽直達日射量や夜間の放射冷却が大きくなるので空調負荷は大きいと考えられる。とくに開口面が西側に向く場合、日射に対する負荷が大きい。ルーバーなど日射遮蔽に対する工夫は見られない。

沿岸域では強風が吹くので、外付けの日射遮蔽装置は難しいからと考えられるが、スペインの沿岸部では積極的に日射遮蔽を行っている高層ビルが多数存在している。

②建築物の壁面に、海面からのしぶきや塩分が付着するので清掃の頻度が高いと考えられる。隙間から風が吹き込むため密閉性を高くする必要がある。強風、塩害を考慮し屋根に塩害対策を施している建築物がある。塩害は海岸に近いほど、また地表に近いほど被害が大きいので、海面や堤防と建築物との間に植栽を置いている事例がある。建築物の前縁に塩害防御対策の形状的な処置を施していないが、材料として防錆材料を使っている事例もある。

③強風に対して風を上手に後方へ流すための形状的な工夫が、マリンスタジアムなどで行われている。

④海浜と建築物の間に堤防が存在する場合、景観の連続性が無機的なコンクリートにより分断されるため眺望を楽しめない。堤防を塗装するか、意図的に視点場を高くしている。海浜への移動を容易にするため陸橋を設けるケースもある。

⑤海への眺望を広く確保し、多くのお客が満足できるように海に向かって扇状に客室を配置するように計画されたホテルが多数ある。また海へ視覚的に接近するため傾斜窓を作る場合もある。海の景観を楽しむために、海に対向または直角方向に椅子を配置する。全体的に視覚的配慮、すなわち海の景観を楽しむために建築物を海岸線と平行に建てて、窓からの眺望を確保している。

⑥海面近くでは太陽の反射光があるので眺望の際、グレアの発生が予測されるが、窓部のガラスに熱線吸収ガラス、熱線反射ガラスや二重ガラスが取り付けられている場合がある。日射遮蔽にも役立っている。

⑦海岸の建築物は、陸域に比較して隣接する建築物との距離が長いことが分かる。埋立地に計画するため、敷地の自由度が大きいのであろう。群立ではないので周囲の自然環境（風、日射、反射光など）をまともに受ける。

⑧沿岸の建築物周囲を散歩したり、通行する人々への配慮が少ない。配慮とは日射遮蔽、風除け、雨除け、しぶき除け、休憩施設（屋根、机、椅子）などの設備や植栽などである。

沿岸域の建築物に課せられる条件は厳しい。翻って考えると生態系も海と陸の間にある潮間帯の生息条件が地球上で最も厳しい。潮間帯にはフジツボ、イガイ、タマキビ、カメノテ、イボニシ、アマガイ、ヒザラガイ、などがいる。潮間帯の生物は、強い日射、強風、塩分を含む飛沫、時には海水に浸かる、潮の干満による流れ、冬季は積雪・氷など、が絶え間なく襲いか

かり自然環境の中で最も過酷な条件に耐えている。したがって潮間帯の生物は、流されぬように流れを受け流すよう丸みを帯びたり、多数の触手で岩に固着したり、岩の窪みに身をひそめたり、固い甲羅を有している。沿岸建築物もこの様な強い特性を真似るべきであろう。

3.2　浮遊式海洋建築物の動揺

3.2.1　動揺と居住性

　沿岸域の建築物の中には、海に浮かんでいる建築物がある。浮遊式海洋構造物といわれ代表的なものに 1976 年沖縄国際海洋博覧会のアクアポリス、1991 年横浜市西区みなとみらいの海上旅客ターミナル、2006 年東京港の WATERLINE Floating Lounge 水上レストラン、などがある。図 3.2.1 は佐賀県唐津市呼子の萬坊と、ストックホルムに繋留されたホテル船である。これらの構造物は流れないように、係留索や杭で繋ぎ止められている。水面に浮かんでいるので波浪、流れ、風、潮汐など外力の刺激を受けて動揺する。海を航行する船舶に船酔いする客がいるように、浮遊式海洋構造物も動揺によって船酔いが発生する。どんな浮遊式海洋構造物にも固有周期があり、外力の周期がそれに同調すると動揺振幅が大きくなる。当然ながら、外力、主に波浪の周期をはずして構造物を設計するのであるが、完全に動揺を無くすことはできない。大きな外力を防ぐために、内湾や、運河など直接波浪が作用しない海域に設置されることが多い。

　　　(a)　佐賀県呼子の萬坊（写真萬坊提供）　　　(b)　ストックホルムに浮かぶホテル船
図 3.2.1　浮遊式海洋建築物

　浮遊式海洋構造物の運動は図 3.2.2 の 6 自由度を持つ。前後揺れ surging サージング、左右揺れ swaying スウェーイング、上下揺れ heaving ヒービングで、回転は横揺れ rolling ローリング、縦揺れ pitching ピッチング、船首揺れ yawing ヨーイングである[3.2.1)]。

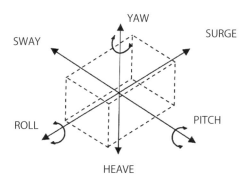

図 3.2.2　浮遊式海洋構造物の運動の 6 自由度 [3.2.1]

　動揺と居住性評価については、現在、建築物と船舶に関するものがある。船舶の振動が人体の知覚器を刺激し、その結果交感神経が緊張して、自律神経機能障害が生じることで動揺病が起きる。視覚、臭覚、聴覚、皮膚感覚などにより不快感が助長される。動揺病は船舶の運動 6 自由度の内、上下動が最も素因となり、2 時間位で最高に達し、2 時間で酔わなければそれ以降生じない [3.2.2]。図 3.2.3 は国際標準機構 ISO/108/4　N55 で、成人男子の 10 %が動揺病になる振動数と加速度を示す。

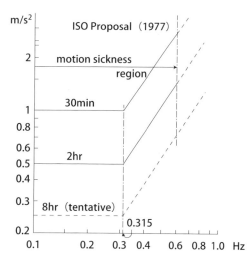

図 3.2.3　上下運動の不快となる限界値 ISO/108/4 N55　1977 [3.2.2]

　沖縄国際海洋博覧会のアクアポリス稼働時に居住性、とくに揺れについてのアンケート調査が行われた [3.2.3]、[3.2.4]。調査期間中の動揺周期は 4 秒〜 11 秒、加速度は 0gal 〜 24gal である。アクアポリスの設計固有周期は 18 秒〜 22 秒である。調査結果は、乗船客の半数以上は揺れを感じており、揺れは若い程感じやすく、男性より女性が感じやすい。揺れを強く感じている人ほど快適性や安全性に低い評価を下している。大きな揺れは水平・垂直振動の知覚域に達しており、船酔いの限界値以上になる事例もあった。

3.2.2 動揺の評価

野口憲一は振動実験装置を用いて人体を揺らせ、その反応から浮遊式海洋構造物の居住性に関する特性曲線を作成した[3.2.5), 3.2.6)]。図 3.2.4 は浮遊式海洋構造物の居住性に関する動揺曲線で（a）は縦揺れ、横揺れ、（b）は上下揺れである[3.2.7)]。居住性に対して表 3.2.1 のように無支障、弱支障、安全性の限界が示されている[3.2.8)]。周期の範囲は 5 秒〜40 秒まで、振動数でいうと 0.02Hz〜0.2Hz である。ピッチングとローリングは振動数が増加すると急激に限界値が低くなる。例えば波浪の周期 6 秒、振動数 0.17Hz の時、ピッチング、ローリングの居住無支障限界は振幅 1 度以下、居住弱支障限界は約 2 度、居住安全性限界は約 4 度である。ヒービングの居住無支障限界は加速度 10cm/s²、居住弱支障限界は 20cm/s²、居住安全性限界は 50cm/s² である。

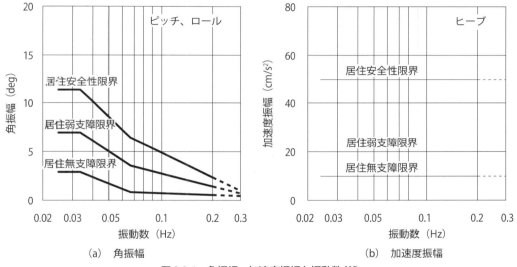

図 3.2.4　角振幅、加速度振幅と振動数 [3.2.7)]

表 3.2.1　動揺評価の変曲点 [3.2.8)]

動揺成分	ピッチ、ロール			ヒーブ 変曲点なし
振動数（Hz）	0.0333	0.0667	0.20	
居住安全性限界	11.5deg	6.5deg	2.3deg	50 cm/s²
居住弱支障限界	7.0	3.5	1.4	20
居住無支障限界	2.9	0.8	0.5	10

渡辺洽一郎、加藤渉は浮遊建築物を模擬した振動試験装置により振動数 0.033Hz〜0.2Hz まで上下振動実験を行い、図 3.2.5 の実験結果から人間の感覚反応は刺激とベキ数にあるというスチーブンスの法則が低周波数でも成立すること、低周波では人間の振動感覚は速度で規定されること、を明らかにした[3.2.9)]。

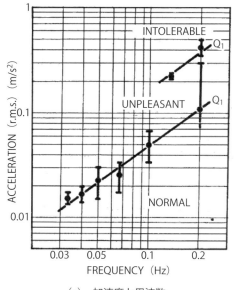 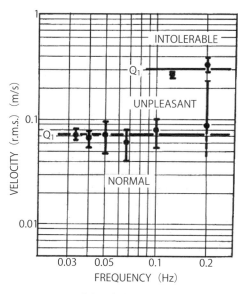

(a) 加速度と周波数　　　　　(b) 速度と周波数
図 3.2.5　加速度、速度と周波数 [3.2.9]

　西條修、斉藤康高は浮遊式建築物の鉛直動揺について居住性能評価法を提案し、図 3.2.6 のように振動数 0.05Hz ～ 50Hz の領域で、居住性能を下記の 3 レベルに分類し、定義している [3.2.10]。

①居住レベル：用途は住居室。使用者が年齢の関係なく動揺の知覚をしにくい領域。横になっていても動揺知覚をしないことが望ましい。根拠は、建築学会「建築物の振動に関する居住性評価指針同解説 V-1.5 人間の知覚域にほぼ対応」である。
②事務レベル：用途は事務所。座位状態での作業に支障をきたさない領域。使用者の年齢や使用時間により限定される要素がみられる。根拠はマイスター曲線「よく感じる・下限」と ISO2631/2「標準係数 K:4 事務所の上限線」である。
③作業レベル：用途は作業所。立位状態での作業に支障をきたさない領域。使用者の作業効率が動揺知覚しても損なわれないことが望ましい。根拠は①同で明らかに感じる中間領域、である。
　各レベルを図 3.2.6 に示す。神奈川県横浜ぷかり桟橋をモデルに、環境荷重として波浪の再現期間 1 年の期待値を用い応答計算を行っている。その結果、本モデルの場合、居住レベルを望むことは難しいと述べている。

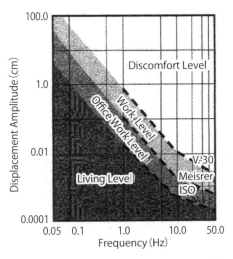

図 3.2.6　鉛直動揺の居住性能評価領域 [3.2.10)]

　今までの動揺評価は正弦波が主であったが、実際の波浪は不規則波である。登川幸生、山本守和は動揺シミュレータを不規則波駆動して動揺評価実験を行い、規則波の場合と比較した。規則波と不規則波では波の不規則性に対する SD 法の心理因子の評価量が異なること、不規則波に対する評価値は加速度だけでなく変位振幅による違いがあること、規則波・不規則波は加速度実効値を用いると同一指標で検討できること、などを明らかにした [3.2.11)]。さらに動揺する海洋建築物上の歩行をシミュレーションし、動揺環境下では歩行しにくくなるだけでなく、滞留による歩行支障が起きると述べている [3.2.12)]。

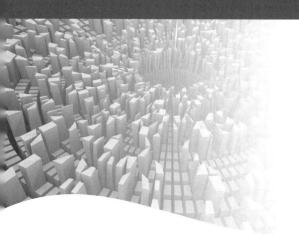

第4章 沿岸域の塩分

4.1 沿岸建築物の塩害と対策

4.1.1 建築物の塩害と距離

　沿岸域の建築物は海水の塩分、湿気、飛沫などで腐食、塗装剥がれ、コンクリート剥離など様々な被害を受ける。軽微な被害もあるが建築物そのものの寿命を縮める被害もある。いずれも定期的な保守が必要である。

　海岸線から陸に向かって、図4.1.1のように海水滴、海塩粒子が風に乗って送られる。海水滴とは海岸で波が砕け空気中に飛ぶ水滴をいい、海水中の塩分を含んでいる。直径4mm以下で重いため通常汀線から数十m付近までしか飛ばない。しかし強い風が吹くと1km程度まで達することがあり、建築物に影響を与える。海塩粒子は海面上で気泡が破裂する$18\mu m$程度までの粒子である。海塩粒子は小さく軽いので風に乗り陸側数kmまで到達する[4.1.1)]。

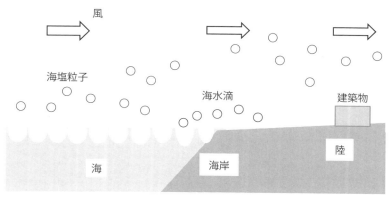

図4.1.1　海水滴、海塩粒子の移動

大気中の塩分量は、図4.1.2のように海岸線が最も多く、陸に向かうにしたがい急激に減少する[4.1.2]。海岸線から数百m離れると、塩分量は10分の1になる。この図は平均された値に基づいており、海象・気象、海岸形態、陸上地形、季節などにより大きく異なる。

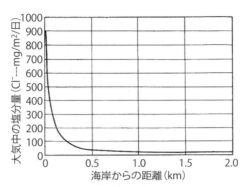

図4.1.2　大気中の塩分量と海岸からの距離[4.1.2]

海象とは波高、波向、潮位であり、この内、波高が陸に送る塩分量に大きな影響を与える。気象は風速、風向、降水量で、季節風や海陸風の強さが、塩分量に関係する。海岸形態とは砂浜、磯、消波ブロック、直立堤防、傾斜護岸などである。陸上地形は、海岸林の有無、樹種、樹高、葉密度、植林間隔、幅、防砂ネットなどによって、後背地の塩分量に差が出る。海岸と当該建築物の間に、道路、塀や他の建築物がある場合も、塩分量は少なくなる。

海岸形態と塩分量の関係について研究が実施されており、岩礁や異形コンクリートブロックの場合、塩分量が増加する実測結果を得ている[4.1.3]。堀田健治らは千葉県茜浜、富津、幕張、平砂浦での実測結果から「波高が低い場合では砂浜海岸からの海塩粒子発生量が大きく、波高55cm近傍を超えると消波構造物からの発生量が大きくなる」と述べ[4.1.4]、幸喜善福らは沖縄県大宜味村平南海岸、塩屋海岸での実測から「飛来塩分量は砂浜海岸、石積み海岸、異形ブロック海岸の順に増加した」と記している[4.1.5]。一方、砂浜海岸でも砂浜幅が長い場合、風によって塩分を含んだ大量の砂が陸に向かって飛ばされ、建築物に付着するので塩害が大きくなるとの指摘もある。

塩分、塩気（塩害）の区分は建築、土木、設備分野によって異なり、次の通りである。
ⅰ．海岸からの距離を指標とするRC造建築物の塩害区分（塩害範囲0m〜200m、準塩害範囲1km以内、特殊塩害範囲10km以内、一般地域10km以上内陸）[4.1.6]（表4.1.1）

表 4.1.1　海岸からの距離を指標とする RC 造建築構造物の塩害区分 [4.1.6]

塩害区分[*1]	塩害範囲	準塩害範囲	特殊塩害範囲	一般地域
海岸からの距離	0～200m	1km 以内	10km 以内	左以外の地域
状況説明	平常時において、直接海水の飛来等の影響も受ける。(海上大気中も含む。さん橋など) (構築物や高地などに囲まれて、塩害を受けるおそれのないエリアを除く)	塩害地域に隣接する地域。季節風や小型台風で塩害を受けるおそれが多い地域。	河川流域や海に向かって開けた平野部で、過去において強い季節風や台風等により塩害を受けたことがある地域。(北陸や沖縄の一部地域)	ほとんど塩害を受けないと考えられる地域。

ii．国土交通省「道路示方書」[4.1.7] の区分（区分 A 沖縄県、区分 B 福井県、石川県、富山県、新潟県、秋田県、青森県及び北海道の一部）（表 4.1.2、図 4.1.3）

表 4.1.2　塩害の影響地域 [4.1.7]

地域区分	地域	海岸線からの距離	塩害の影響度合いと対策区分	
			対策区分	影響度合い
A	沖縄県	海上部及び海岸線から 100m まで	S	影響が激しい
		100m を超えて 300m まで	I	影響を受ける
		上記以外の範囲	II	
B	図 4.1.3 に示す地域	海上部及び海岸線から 100m まで	S	影響が激しい
		100m を超えて 300m まで	I	影響を受ける
		300m を超えて 500m まで	II	
		500m を超えて 700m まで	III	
C	上記以外の地域	海上部及び海岸線から 20m まで	S	影響が激しい
		20m を超えて 50m まで	I	影響を受ける
		50m を超えて 100m まで	II	
		100m を超えて 200m まで	III	

図 4.1.3　塩害の影響の度合いの地域区分 [4.1.7]

ⅲ．海水の作用を受けるコンクリートの塩害環境区分 JASS5　25 節の区分（重塩害環境：潮の干満を受ける部分・波しぶきを受ける部分、塩害環境：、準塩害環境：常時海中にある部分）

ⅳ．重塩害地域：海岸から 500m 以内の地域、塩害地域：海岸から 500m～1km の地域（表 4.1.3）

表 4.1.3　海岸からの距離と塩害区分

地域	海岸からの距離				
	～500m	500m～1km	1～2km	2～7km	7km 以上
沖縄・離島	重塩害地域	塩害地域			
瀬戸内海	重塩害地域	塩害地域	一般地域		
北海道・東北日本海側	重塩害地域	塩害地域			一般地域
その他の地域	重塩害地域	塩害地域		一般地域	

ⅴ．日本冷凍空調工業会標準規格 JRA9002 の区分 [4.1.8]
①耐塩害仕様：室外機の設置場所から海までの距離が約 300m を超え 1km 以内の場所、室外機が建物の影になる場所、室外機が雨で洗われる場所
②耐重塩害仕様：室外機の設置場所から海岸までの距離が約 300m 以内の場所、室外機が建物の海岸面になる場所、室外機設置場所のトタン屋根、ベランダの鉄製部の塗り替えが多い場所、室外機に雨があまりかからない場所

表 4.1.4 に塩害地と重塩害地、耐塩害仕様と耐重塩害仕様を記す。

表 4.1.4　空調機器の設置場所と塩害仕様 [4.1.8]

直接潮風の当たらない場所（塩害地）	設置距離の目安		
	300m	500m	1km
内海に面する地域（瀬戸内海）	耐塩害仕様		
外洋に面する地域	耐重塩害仕様	耐塩害仕様	
沖縄・離島	耐重塩害仕様		耐塩害仕様

直接潮風の当たる場所（重塩害地）	設置距離の目安		
	300m	500m	1km
内海に面する地域（瀬戸内海）	耐重塩害仕様	耐塩害仕様	
外洋に面する地域	耐重塩害仕様		耐塩害仕様
沖縄・離島	耐重塩害仕様		

4.1.2 塩害と対策

図 4.1.4、図 4.1.5 は沿岸建築物に発生した錆である。建築材料として鉄を用いた全ての部分に、塩気により錆が生じる。錆びた鉄骨の膨張によりコンクリートが剥落しているのもある。対策として、海からの飛沫やそれと共に運ばれる塩気を防ぐために、換気装置や、配電盤など電気設備を海と反対側に設ける。壁面の材料、塗装は水分や埃が溜まらないように凹凸が少なく、洗い流しやすいようにする。光を当てると化学反応により汚れが分解し流れやすくなる壁材を用いる。ボルトナット、釘は露出しないようにする。コンクリート内の鉄筋を保護するため被りを大きくする。

海浜公園の手すり錆

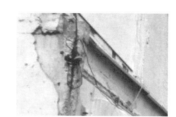
鉄筋の露出と錆

車庫の梁の錆

室外灯の破損と錆

換気扇の錆

配電盤の錆

テレビアンテナの錆

サイデングの釘の錆

錆びたガードレール

図 4.1.4　沿岸域の建築物の錆 1

ガードレールの腐食

オーニング取付具の錆

屋根留め具の錆

日陰に屋根鋼管の錆

トタン板の錆

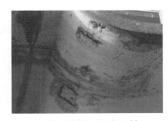
天井の鉄筋の露出と錆

図 4.1.5　沿岸域の建築物の錆 2

　図 4.1.6 は沿岸域の建築物の剥離である。鉄筋が錆びて膨張し、表面を覆うコンクリートが剥落している。

壁面の剥離

剥離と鉄筋露出

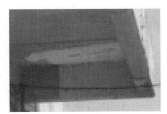
天井の剥離と落下

図 4.1.6　沿岸域の建築物の剥離

　図 4.1.7 は沿岸域の建築物の破損、汚れ、剥離の事例で、強風による破損や、海の塩気、海風の高い湿気などにより汚れが付着し、雨水が流れない箇所は汚れが蓄積している。

66　第4章　沿岸域の塩分

屋根の破損

屋根の破損

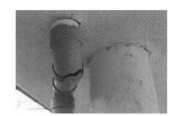
雨樋の破損

木製壁板の塗装の剥離

木製雨戸の塗装の剥離

木製手すりの塗装の剥離

壁面の塗料の剥離

木製壁の塗装の剥離

海浜休憩所支柱の塗装の剥離

汚れたスレート壁

支柱劣化による屋根変形

天井板の落下

木製ベランダ床の破損

図 4.1.7　沿岸域の建築物の破損、汚れ、剥離

　図 4.1.8 は海浜のコンクリート舗装歩道の鉄製ガードレールである。右は海に面した方、左は陸に面した方である。海側は錆が全面を覆っているが、陸側はそれ程錆びていない。

　　　　　（海側）　　　　　　　　　　　　　（陸側）
図 4.1.8　海浜と歩道の間にあるガードレールの錆

　図 4.1.9 は海浜に建つ木造の休憩所である。15 人程度が座れる。支柱の基礎と、机、椅子はコンクリートである。椅子の一部は鉄筋が剥き出しになり、コンクリートが剥落している。砂に埋没している椅子もある。屋根を留める治具、ボルト、ナットは錆が出ている。

　　　海浜の休憩所　　　　　　　屋根支持材の錆　　　　　　椅子が砂で埋まる
図 4.1.9　海浜の休憩所

　沿岸域の建築物は図 4.1.10、図 4.1.11 のような様々な防衛策を講じている。強風に対しては、海浜に防風林、防潮林、防砂林を設けて、海浜からの距離を長くすると同時に、樹木で風を和らげたり、塩分を付着させて、建築物まで到達しないようにしている。海岸線間際の建築物の場合、建築物と海との間に、生け垣かコンクリート塀を立てる。建築物には雨戸を設け、台風時の飛散物からガラス窓を守ったり、海水の飛沫による汚れを軽減させたり、プライバシーの確保や防犯の役割などを果たさせる。

　個々の建築物で災害を防御するのと同時に、建築物群、街、都市、地域としての防御策が重要である。

第4章 沿岸域の塩分

防砂林、防潮林

路地の防風林

塀上の樹木

民家を守る植栽

家を囲む樹木

家の前面の低木・高木

庭木で家屋を守る樹木

集合住宅を守る樹木

樹木に守られた駐車場

保育園前の生け垣

樹木間の隙間を埋める

図 4.1.10　沿岸域の建築物の防御策 1

コンクリート壁

竹垣

コンクリート壁

プラスチック波板の塀

風を防ぐ狭い通路 1

風を防ぐ狭い通路 2

建築物を集中させ強風から守る
図 4.1.11　沿岸の建築物の防御策 2

　風を避けた事例を紹介する。図 4.1.12 は千葉県海浜幕張にある野球場である。周囲を防砂林、防風林で囲み、屋根を緩やかに傾斜させて海側を低くし、風の抵抗を少なくしている。野球場はもともと円形に作れるので両側も風が抜けやすい。海側の壁面は開口部を作らず、強風が中に吹き込まないようにしている。図 4.1.13 は幕張メッセで屋根は海に向かってわずかに下がっている。海とメッセの間には三重の防砂林、防風林が有り、風を弱め、砂を止める役割を果たす。途中に広幅の道路もあるので、海岸線からの距離は長い。

図 4.1.12　風が抜ける野球場

図 4.1.13　3 重の防砂林

風を避けながら、同時に眺望を確保する建築物もある。図4.1.14は沿岸域に建設されたホテルである。建築物の方位は海側に三角形の先端を向けている。その理由は海の眺望が可能な客室が三角形の2辺になり、多くの宿泊客が楽しめること、また風への抵抗が少なくできること、などである。

ホテルA　　　　　　　　　　　　　　　　　　ホテルB

図4.1.14　海の見える客室を増やしたホテル

4.2　海塩粒子と海岸形態 [4.2.1), 4.2.2), 4.2.3)]

4.2.1.　塩害の調査

　沿岸域に人口が集中しつつあるのは世界的傾向であり、日本も例外ではない。これまで日本の沿岸域利用は臨海部の比較的浅い所を埋め立てることにより土地造成を行い、生産や流通の場として利用してきた。一方、これら臨海部の埋立ては、海洋生物の誕生と育成に最も適した浅海域を失うことになり、海の生産力や浄化作用に対し、少なからず悪影響を与えるなど、浅場や干潟など渚の重要性が改めて指摘された。近年、沿岸域が多目的に利用され、また、使う人も不特定多数の人々となるにつれ、ここでの居住や活動に伴う快適性について、多くの不満も聞かれるようになった。

　佐藤、永田らは沿岸域住民に対し快適性に関するアンケート調査を試み、快・不適に関する問題について分析を行ってきた[4.2.4), 4.2.5)]。図4.2.1（a）に示すように沿岸域を構成する環境のうち、光や明るさ、波の音、潮の香など情緒的な面では心理的に快適と感じる面が多い一方、風、熱、湿度その他塩害等、自然現象における物理的なものには心理的にも不快を感じる度合いが強いという結果を得ている。調査の中で塩害に対する不快感が最も多い。（b）は塩害の状況を示す。

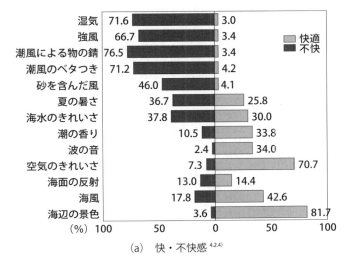

(a) 快・不快感 [4.2.4]

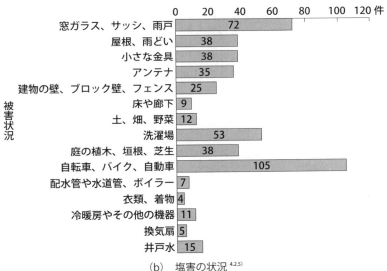

(b) 塩害の状況 [4.2.5]

図 4.2.1 沿岸域に関するアンケート

塩害についてのアンケート調査をもとに被害の大きい順に並べる。

1. 自動車、自転車、バイク
2. サッシ、雨戸、窓ガラス
3. 洗濯物
4. 屋根、雨樋、小金具、庭植木、垣根、芝生
5. アンテナ
6. 建物壁、ブロック、フェンス

以下、7. 井戸水、8. 土、畑、野菜、9. 冷暖房機器、10. 床、廊下、11. 排水管、水道管、ボイラー、12. 換気扇、13. 衣服、着物

表 4.2.1　塩害の被害状況と対策 [4.2.5)]

項　　目	被害状況と講じている対策など
1. 窓ガラス、サッシ　雨戸	海風の強い日や台風時に特に顕著な被害が見られる。窓ガラスには白く塩がついてベタつき、さらに砂が付着する。また、中の針金が腐食してひび割れることもある。サッシや雨戸の腐食も見られる。雨戸は木製、防腐剤を塗っておけばよい。対策は普段の水洗い、洗剤の必要性もあり。
2. 屋根、雨どい	屋根については瓦の風化や腐食、変色が見られる。雨どいは塩ビなら大丈夫だが、その支えの金具が錆びやすく、10年位で交換しなければならない。また、金具を留める間隔も狭くしてある。
3. 細かな金具　（ドアの留め金）	当然のごとく錆びやすい。室内や建物の陰の物はそれ程でもないが、風の当る屋外では腐食がはやい。また、窓を開けていると室内でもベタつき、金物は錆びてしまう。
4. アンテナ	かなりの被害がみられる。大抵は5年位で腐食したアンテナが強風で折れてしまうようである。
5. 建物の壁、ブロック塀　フェンス	フェンスなどは錆びてしまう。ブロック塀にはめだった被害はないようである。壁やフェンスは5年～10年の間には再塗装が必要である。
6. 床や廊下	窓を開けておくと部屋中ベタベタし、吹き込む風も強く、砂も入ってくる。そのために夏でも窓を開けない人もいる。しかし、一年中いつもということもなく、気にしていない人も多くいる。
7. 土、畑、野菜	雨が降っていれば塩が流れるので大丈夫だが、台風や強風時に被害がみられる。また防風林を置くと日当りが悪くなるという難点もある。
8. 洗濯物、物干し竿	洗濯物がしっとりして、カラッと乾かない日がある。海風の強い日や午後に干すとしっとりしてしまう。乾きにくいが気にしない、風の強い日は外は干さないとの意見もある。また、竿や支柱が錆びてしまい、もちが悪いようである。
9. 庭の植木、垣根　芝生	枝葉が傷みやすい。海風に吹かれるところは葉が枯れてしまう。かん木類やみかんは弱く、松などは大丈夫。防風用のネットをかけたり、建物など陰にあれば大丈夫。また、水をかけて塩を流す必要もある。
10. 自転車、バイク　自動車	すぐ錆びてしまう。使わない時は家の中や車庫にしまっておく。車は5年位しかもたない。中古車の下取りは安く、購入する時は海から離れた地域からもってくる。上級車は塗装もよく、長持ちする。手入れは水洗い、錆止め、ワックス等手間と費用がかかる。自転車は手入れはせず、安いので買い替えてしまうようである。
11. 排水管や水道管　ボイラー	家庭に使用している排水管等は塩ビ管なので関係ない。ボイラーはもちが悪く、4年位で交換する家庭もあるようである。
12. 衣服、着物	衣服には気にかかるような被害は見られない。
13. 冷暖房や他の機器　（クーラー、コピー機）	冷暖房機の室外機が錆びてしまう。特に中のファンがよく錆びてしまう。使用しない時はカバーを掛けるか、屋内にしまっておくようである。
14. 換気扇	特に被害なし。
15. 水道水、井戸水	井戸水が塩っぽいことはよくいわれていたが、水道が発達し、そんな声も少なくなった。ただ、生活の中で塩を洗い流すことから水の消費量が多くなるようである。
16. その他	この他にベランダの手すりが腐食しやすいとの意見があった。

表 4.2.1 は塩害の状況と対策である。被害の大きさと多様さが分かる。対策についても様々に工夫している。

これら塩害については海岸に消波構造物などが設置されてから塩害が酷くなったとの報告も見られる。消波構造物が置かれた海岸と砂浜海岸とから発生する海塩粒子の実測調査について明らかにしてきた。これによると、砂浜海岸からの発生は消波構造物が設置された海岸よりも少ないとの結果を得ている。しかし波高によっては消波構造物が設置された海岸と同程度発生する場合もあり得ることが分かった。すなわち砂浜海岸といっても様々な形状を有しており、海浜断面の違いにより発生量も微妙に異なることである。そこで、更に砂浜海岸における観測値を増やし、海浜断面や波のかけ上がる傾斜、海岸地表付近での風の鉛直分布、砂質および海岸線から内陸方向における土壌中での塩分量などを考察しつつ砂浜における海塩粒子の発生特性について現地調査した。

沿岸域は塩害の直接の原因となる海水滴（しぶき）や海塩粒子発生の場であり、またこれによる被害が顕著であった。塩害に関する研究はおおむね、塩害の直接の原因である海水滴（しぶき）、海塩粒子の、1）発生、並びに輸送に関するもの、2）被害およびその対策に関するもの、に分けられる。海水滴は直径 4mm 以下の塩分を含む水滴で、大半は沿岸で砕波する際生ずるものであり、粒子が比較的大きいためあまり遠くには飛来しない。一方、海塩粒子はその大半が海洋や沿岸域から発生されるもので、これら生成過程や発生については鳥羽良明[4.2.6]、Kientzler[4.2.7] らの研究が見られる。これら研究によると、海塩粒子の発生のメカニズムは洋上あるいは沿岸部での砕波時に空気が波頭により海中に取り込まれ、この取り込まれた空気が気泡となって海面に上昇し、海面で破裂し、この時数百個（10^{-14}g ～ 10^{-15}g 程度）の海塩核（Sea-Salt nuclei）を含む微粒子が空気中に放出され、この粒子が風により陸上に運ばれるとしている。また海面から 10m 程度の大気境界層での鉛直方向に対する海塩粒子の分布、ないしは粒子の鉛直 flux は複雑でよく分かっていないとしているが、数 10m ～数 km の高さでは観測資料もかなりあり、平均的に見るなら高さと共に指数関数的にも減少しているとしている。また内陸については平均的に見て地上数百 m ～ 2km あたりに個数濃度の最大が見られ、200m ～ 300m から下に向かって急激な濃度の減少があると報告されている[4.2.8]。これら鉛直分布に関し、朝倉修、森山正和、松本衛[4.2.9] は海面上 12.5m までにおける高さ方向での計測をしているが、風速が強いと塩分濃度値が低く、弱いと濃度の値が大きくなり、特に海面近傍では急激に大きくなったとの結果を得ている。これら海面からの輸送については大気と海洋の相互作用の見地から、鳥羽良明、田中正昭ら[4.2.10] により内陸での鉛直分布や地表面での濃度について数値解析による研究が、また、浜砂博信[4.2.11]、大浜嘉彦、出村克宣[4.2.12]、冨坂崇、樫野紀元、高根由充[4.2.13] らにより内陸部での海塩粒子の捕集が行われている。

4.2.2 海塩粒子の捕集・分析

一般に海塩粒子の捕集方法は JIS Z 2381 に定められるように 10cm 角の枠にガーゼを張り付け、これを大気中に一定期間暴露させ、この時ガーゼに付着した海塩粒子を化学分析し、塩化ナトリウム量（NaCl）を特定する方法である。もう一つの方法はエアーサンプラー等を用

いて大気を吸引し、吸引した大気中に含まれる海塩粒子を濾紙上に捕集し、これを化学分析し塩化ナトリウム量を計量する方法である。前者の方法は一定期間大気中に暴露させねばならないことから気象条件に左右され、また時間もかかる。後者の方法は比較的短時間で捕集でき、またその時その時の気象条件や立地条件など、より計測地点での環境や空間要素を考慮した形で計測できる特徴がある。そこで本節では、後者のエアーサンプラーを用いた方法で行なった。図 4.2.2 は使用したハイボリウム エアーサンプラーである。本サンプラーの構造は上部から吸引された大気が本体中央部に設置されたグラスファイバー濾紙を通過し、下部から外に排出される構造となっており、同時に吸引大気量が測定できる仕組となっている。濾紙上に付着した海塩粒子が含む塩化ナトリウムは JIS 2381 に規定された、メタノール水銀溶液と硝酸第 2 鉄溶液の試薬を用いた吸光光度法により検出した。

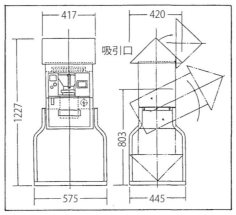

図 4.2.2 ハイ ボリウム エアー サンプラー [4.2.14]
(出典：紀本電子工業カタログ)

消波構造物背後における海塩粒子の現地計測は図 4.2.3 に示されたように東京湾湾奥に位置する茜浜、富津、幕張、平砂浦で行なった。図 4.2.4 及び図 4.2.5 は茜浜及び富津の状況を示したものである。通常、護岸の前面に消波構造物が設置されるが、海塩粒子捕集用のエアーサンプラーの設置については、砕波などにより直接海水滴のかからない距離で十分開けた所、かつ消波構造物の砕波地点から水平距離 10m 離れた護岸上に設置した。また、吸引による計測口の高さは平均海水面から 5m の高さとした。また、計画に当っては海からの向かい風に対して水平方向 ± 80 度の風向範囲を設定し、この方向から入ってくる時の大気を吸引し、これを 1 時間 1 サンプルとした。また、この時気温、湿度並びにサンプラーの吸引口の高さに風速計を設置し風向、風速を観測すると共に、消波構造物前面に波高計測用目盛を付け、水深 2m 及び 3m の位置に設置し波高をビデオ撮影し解析した。風速、波高を 2 分毎に読取ったものを 10 分毎にまとめ平均した。気温、湿度については 10 分毎に観測し平均をとった。なお、観測は 1990 年 8 月～ 1992 年 8 月に行ない、合計 73 個のデータを取得した。

図 4.2.3　調査地点

図 4.2.4　茜浜海岸

図 4.2.5　富津海岸

4.2.3　消波構造物背後の海塩粒子

　消波構造物の形は富津で六脚タイプ、また、茜浜でテトラタイプであり、これらブロックの積みかたも異なっている。また計測では富津と茜浜では波高の出現にやや差があり、富津では比較的高い波高、最高 70.3cm、平均 40.6cm が観測できたが、茜浜では最高 45.7cm、平均 29.2cm であった。これら 2 地点について別々に海塩粒子量と風速および波高の関係についてその分布を図示したものが図 4.2.6、図 4.2.7 である。風速との関係は両地点とも強い関係は見られない。波高との関係について、それぞれ相関係数を求めた場合では、富津で 0.882、西浜で 0.721 であった。数か所の砂浜海岸で計測した時、併せて潮位の影響（満潮・干潮による海水面の変化）について、これを考慮した場合としない場合での分析結果では両者の発生量にさほど変化が見られなかった。これは満潮時における砕波帯と干潮時における砕波帯の距離の差が最大 30m であったが、巨視的に見ればこの程度の後退距離では捕集量にあまり影響は無かった。

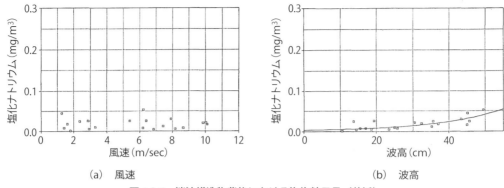

(a) 風速　　　　　　　　　　　　　　(b) 波高

図 4.2.6　消波構造物背後における海塩粒子量（茜浜）

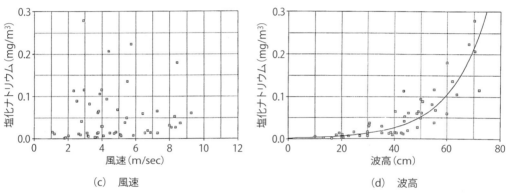

(c) 風速　　　　　　　　　　　　　　(d) 波高

図 4.2.7　消波構造物背後における海塩粒子量（富津）

　砂浜海岸については幕張、富津、および平砂浦で行なった。砂浜海岸は一様でなく、特に砂浜の形状（勾配）から砕波と砕波後の波のかけ上がる状態により発生量も異なると考えて、それぞれ異なる海岸の断面形状（勾配）を有する場所を選んで観測したものである。これら断面の勾配は幕張海岸で平均 1/20、富津海岸で 1/15.7 そして平砂浦で 1/28.1 であった。これら 3 か所で合計 79 個の計測値を得た。これによる全体の計測値の分布について図 4.2.8 に海塩粒子量と風速に対する分布を示した。風速との関係に明瞭なものは見られず不規則分布となった。

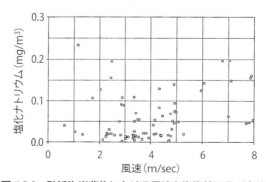

図 4.2.8　砂浜海岸背後における風速と海塩粒子量（全体）

砂浜および消波構造物背後で得られた全計測値について、それぞれ海塩粒子発生量と波高との関係を表示したのが図4.2.9である。図中に示された曲線それぞれは回帰線であり、指数曲線に近似でき、その式を以下に示した。Xは波高である。

$$Y = 0.0096e^{0.0364X} \tag{4.2.1}$$
$$Y = 0.0017e^{0.0673X} \tag{4.2.2}$$

波高55cmで交差している。このことは今回の海象、気象条件、海岸地形のケースでは、波高55cm以下では砂浜海岸からの海塩粒子の発生量が多く、これより波高が高くなると消波構造物からの発生量が増加することを意味している。

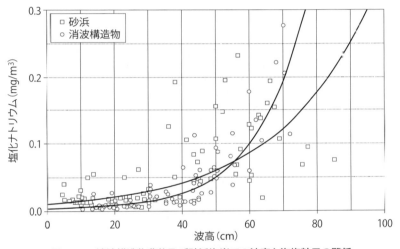

図4.2.9　消波構造物背後及び砂浜海岸での波高と海塩粒子の関係

海塩粒子の研究結果をまとめると、
①海塩粒子の発生量が、洋上より沿岸部の方が、また砂浜より消波構造物の背後の方が、発生量が多い結果となった。
②海塩粒子発生量は波高と相関が高い。とくに消波構造物背後は砂浜海岸より相関係数が高かった。発生量と風速との相関関係は見られなかった。
③海塩粒子の発生量は波高が50cm前後において、これ以下では砂浜海岸の方が消波構造物背後よりむしろ発生が多くなるとの結果となった。これを消波構造物では波が低いとそのままもどり波（重複波）となり砕波しないことでこの現象を説明してきた。
④海塩粒子の発生は潮位による影響は少なく、風速との相関は見られず、波高との相関は高かったが平砂浦のように外洋に面し、波高の高い砂浜海岸では波の不規則性の増加に伴い海塩粒子の発生量の分布幅が大きくなり、発生量と波高との関係では、3か所の中では他の2か所で得た相関係数と比べても低かった。

4.3 沿岸域の飛砂

　飛砂とは風により海浜の砂が運ばれる現象をいう。沿岸域では海を渡ってくる強い風が、海岸の砂を内陸に運び、農地や家屋に被害を及ぼす。飛砂により海浜そのものが変形することがある。飛砂は砂という固形物のみでなく塩分を付着させて飛ぶので、農地に蓄積すると農作物に被害を及ぼす。植栽も塩分に強い一部の植物を除き成長が阻害される。また砂によって建築物の金属部分には錆が生じ、室内に入ると家具を傷める。床に溜まるとざらざらして掃除が必要になる。雨樋、屋根材料やサッシの隙間から砂が入り建材や建具に腐食が生じる。コンクリート造の場合、割れ目から塩分が入り鉄筋に錆が生じさらに亀裂が促進して建築物の寿命が短くなる。また自動車や自転車、アンテナなどに付着して錆を生じさせる。道路に大量に砂が溜まると交通に支障が出る。洗濯物に砂や塩分が付着すると乾きにくくなる。このように飛砂は様々な被害を農業、建築物、生活に与える。図 4.3.1 は公園の芝生に侵入した飛砂である。

図 4.3.1　公園への飛砂

　飛砂の Bagnold の式は、単位幅単位時間当りの総飛砂量 q、摩擦速度 u、砂の粒径 d、標準粒径 D、空気密度 ρ、動力加速度 g、実験の計数 B とすると下式になる[4.3.1)]。

$$q = B\sqrt{\frac{d}{D}} \cdot \frac{\rho}{g} \cdot u^3 \tag{4.3.1}$$

　飛砂による被害を防ぐには、海中、海浜側は次の対策をたてる。①離岸堤を設置する、②海浜に高木、低木の防砂林を植える、常緑樹が望ましい、③海浜に砂防柵や防風ネットを設ける、④積もった砂を定期的に排除する。遠州灘掛川・御前崎間の斜め海岸林は、江戸末期以降に植樹されたもので、総延長は 50km におよび、斜めに風を受けることで風を受け流し、後背地を塩害から守っている。

　建築物に対する配慮は、以下の通り。①建築物は前面に大きな構築物や樹木の背面に建てる、②海側に塀を立てる、③建築物には錆びにくい建材を用いる、④建築物の換気口を海と反

対側に設ける、⑤屋外の設備機器は海と反対側に設置すると同時に覆いを被せる、⑥飛砂の多い時期は頻繁に水で建築物、設備機器、などを水洗いする、⑦軒下など建築物の雨水に当たらない箇所は、砂が雨水により洗い流せないので、とくに水洗いする、⑧商店などで海側に広い開口部を設けなければならないような場合、開口部の前に砂を遮蔽する衝立を立てる、⑨自動車、自転車など錆の生じやすい物は屋根やカバーを付ける、⑩洗濯物は屋内で干すか、サンルームを設ける、など状況に応じて複数の対策を立てる。

沿岸域の飛沫は、波高が高い海域、強風が吹く地域に多い。海岸線からの距離 x、海岸線での飛沫量 C_0、代表距離 L_0（250m）、飛沫の沈降速度に相当する減衰係数 α、とすると飛沫量 $C(x)$ に下式になる[4.3.2]。

$$C(x)/C_0 = \exp(-\alpha \times x/L_0) \tag{4.3.2}$$

コラム 海と建築物

海辺の老夫婦
―快適な海辺の条件！？―

外国の海辺へ行くと、老夫婦が木陰にある椅子に腰掛け、食事や読書をしながらゆったりと過ごしている光景に出合う。眼前にある広大な海を眺めながら、海辺の生活を楽しんでいる。特別に恵まれた人々でなく、ごく普通の人々が当たり前のように海に親しんでいるのを見て、羨ましいと思う。日本ではなかなかお目にかかれない光景である。日本の海岸は人工的な構築物が存在していて、自然海岸が少なくしかも地形が急峻で、海辺に近寄り難い。周囲を海に囲まれた日本は高湿で、木陰に入っても汗が吹き出て快適な感じが味わえない。屋外に長時間いるよりも冷房、除湿をした室内に入ってしまった方が快適である。

以前に、海辺の快適性の研究を、北米、フランス、豪州などで行ったが、なぜそのような研究をするのかと現地の人々に不思議がられた。敢えて研究などしなくても、快適な海辺がそこかしこにあるから、とくに研究対象としなくてもよい訳である。日本ではなかなか快適な海辺がないから、研究して、快適な海辺とはこのような条件のものだと明らかにし、それを実現するためにさまざまな工夫をしなければならない。

日本には外国とは違った形の海辺の楽しみ方があるように思える。日本は海辺にたくさんの温泉があり、露天温泉に浸かりながら夜景を楽しんだり、新鮮な海産物を味わうことができる。海辺を楽しむという点では地方都市の人々の方が、大都市より恵まれている。学校や仕事を終えてから、近くの海岸に海水浴に行ったり、海辺のレストランに食事に行けるからである。家族や友人たちと涼しくなった夕方の海岸を散歩したり、水平線に沈む赤みがかった太陽を見るのも、楽しいひと時である。

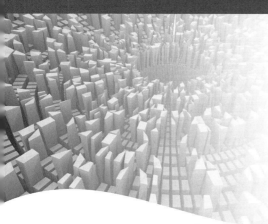

第5章 沿岸域の空気と湿気

5.1 沿岸域の相対湿度と結露

5.1.1 相対湿度と空気線図

　水蒸気が存在する空気を湿り空気、存在しない空気を乾き空気という。湿り空気は乾き空気と水蒸気の混合であり、水蒸気の分の圧力を水蒸気圧という。空気は気温によって含められる水蒸気の量が異なり、気温が高いほど、水蒸気を大きく含められる。含められる水蒸気の最大値を飽和水蒸気圧と呼ぶ。飽和した空気が冷やされると、過剰な水蒸気は水滴に変わり、壁面や物体の表面に結露を起こす。

　相対湿度 RH は、ある空気の水蒸気圧 f、飽和水蒸気圧 f_s とすると次式で表される。

$$RH = f/f_s \times 100 \quad (\%) \tag{5.1.1}$$

　図 5.1.1 は空気線図と呼ばれ、乾球温度、相対湿度、水蒸気分圧の関係が表現されている[5.1.1)]。相対湿度は皮膚から水蒸気を蒸発する量と関係する。空気線図をみると空気温度 25 ℃の時、飽和水蒸気分圧は 3.2kPa であり、相対湿度 50 %水蒸気分圧 1.6kPa との差は 1.6kPa、相対湿度 80 %水蒸気分圧 2.6kPa との差は 0.6kPa で、相対湿度が高いほど差は小さく皮膚から蒸発できる水蒸気は少ない。日本は夏季の相対湿度が高く、不快なのは皮膚からの蒸発が行われにくいからである。

　空気温度が下がると、空気中に含めることのできる水蒸気量は減少し、飽和水蒸気分圧は下がる。例えば空気温度 30 ℃で飽和水蒸気分圧は 4.25kPa であるが、20 ℃に下がると分圧は 2.4kPa と半分近くになる。飽和時の空気の温度を露天温度という。壁面、床の表面の温度が露天温度以下のとき、表面の空気が冷やされ、水蒸気となって結露が生じる。空気温度 30 ℃、相対湿度 80 %のとき露天温度は約 26 ℃で、壁面の温度が 26 ℃以下で結露する。

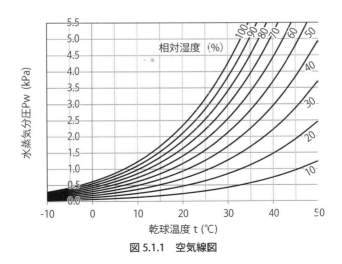

図 5.1.1　空気線図

　冬季、外の温度が低く、建築物の壁や開口部のガラスが冷やされる。そこに暖房によって暖められた空気が接すると、露天温度以下に冷やされ水滴となって壁やガラスに付着する。沿岸の建築物は、大量の水蒸気を含む空気を風が海から運んでくるため、もともと建築物の内外に大量の水蒸気が存在しているので、結露が起きやすい。夏季、沿岸域は相対湿度が高く、空気線図の左にある斜め線、相対湿度 100 % に近いので、気温と露天温度の差が小さく結露が生じやすい。

　沿岸域では夏季に相対湿度が高い。図 5.1.2 のように同気温で空気線上では相対湿度が高い線に移行し、絶対湿度が増加する。相対湿度が低かった時に比較し、壁面の表面温度と室内温度の差が小さくても露天温度になり、結露する。

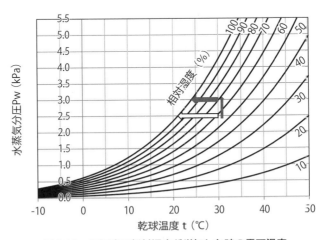

図 5.1.2　同温度で相対湿度が増加した時の露天温度

　結露の発生条件は、室内空気の露天温度 θ_{dp}、壁面の表面温度 θ_s、室温 θ_r、外気温 θ_o、壁体の熱貫流率 K、室内側熱伝達率 α_{th}、と置いて下式になる[5.1.2)]。

$$\theta_{dp} > \theta_s$$
$$> \theta_r - K(\theta_r - \theta_o) / \alpha_{th} \qquad (5.1.2)$$

図 5.1.3 は気温、相対湿度のクリモグラフに乾性カビ、湿性カビの発育範囲を記したものである[5.1.3]。図中の実線は東京の気温、相対湿度で左下が冬季、右上が夏季である。東京は夏季 6月～9月までの 4 か月間に乾性カビが発育しやすいことが分かる。

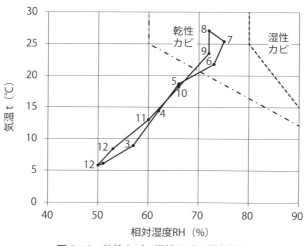

図 5.1.3 乾性カビ、湿性カビの発育範囲

5.1.2 建築物の結露と防止

結露により生じる問題は、①建築物の柱や床の構造材が腐り、建築物の一部や全体が傾斜したり、進行すると倒壊する。家具に結露が生じると、家具そのものを傷めたり、収納物にカビが生えたりする。③結露によりカビが発生しやすくなり、アレルギー、喘息の素因となる。

結露の生じやすい箇所は、ガラス、断熱性の低い壁、サッシ廻り、押入れ、壁隅部である。とくに北面の部屋に生じやすい。結露の発生を防止するには、室内で発生する水蒸気を抑えること、換気して室内の水蒸気を搬出すること、除湿機を稼動すること、などである。高断熱性の壁面材料や、窓に二重ガラスなどを採用したり、部屋の密閉性を良くすることも効果的である。除湿剤、除湿シートを用いる。換気の回数を増したり、風が滞る場所を少なくする、などを行い湿度を上げないようにする。

床下の結露防止

沿岸域の建築物は水分を多く含む土壌の上に建てることがあり、その場合、床下の地面から大量の水蒸気が上に昇り、床下に結露を起こす。地盤に防湿シートを敷いたり、土間コンクリートを打って水蒸気が上がるのを防ぐ。また床下の換気を大きくし、通気をよくすることも有効である。

5.1.3 沿岸域の相対湿度

図 5.1.4 は暖流域、瀬戸内海、寒流域、内陸部の相対湿度を表したもので、沿岸域は 6、7 月に最も相対湿度は高くなり、1 月に相対湿度は最も低くなる。一方内陸部は 4 月に最低となる。夏季の相対湿度は暖流域 1、寒流域で 80 %～ 90 %に達するが、瀬戸内海、内陸部では 70 %～ 80 %である。

以上のように日本の沿岸域は夏季の気温は高く相対湿度が高い。相対湿度が高ければ気中の水蒸気が多く、結露しカビが生じやすい。結露は壁面に水蒸気が付着して水滴を作る状態である。壁面の表面温度が室温より低いと、壁面前面の空気を冷やし、空気の温度が露点温度に達すると結露が起きる。ガラスは壁体に比較して断熱性が低く結露が起きやすい。暖流域、対馬海流域は多くの地域が、夏季にカビの発育範囲に入る。

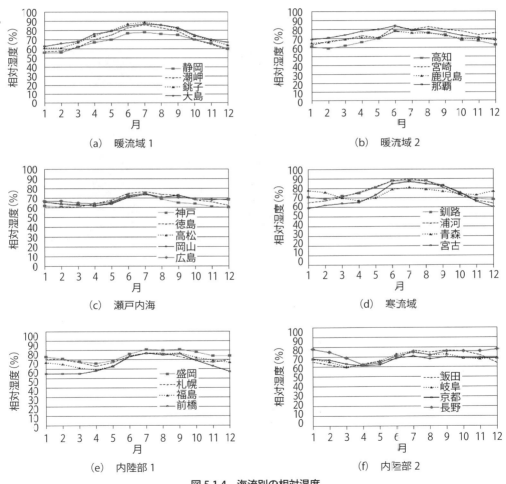

図 5.1.4　海流別の相対湿度

5.2 建築材料の汚れと保守率 [5.2.1]

　沿岸に建つ建築物は沿岸の厳しい気象条件下に存在し、飛沫などの影響を受け、材料表面が未使用の状態とは異なる。自然条件下に暴露された試験片は、気温、湿度、日射、風雨など様々な影響を受ける。従来、陸上建築物の材料の汚れについて様々な研究が行われてきたが [5.2.2]〜[5.2.5]、沿岸建築物の汚れによる紫外放射域の保守率の検討は無かった。千葉県九十九里海岸に暴露試験装置を設置し、84個の材料を自然暴露させて、1997年〜1998年にかけて6か月間の分光反射率・透過率の変化を測定し、保守率を算出した。図5.2.1に九十九里暴露試験場詳細を、図5.2.2に暴露試験架台を示す。暴露面の寸法は縦100cm×横100cm、暴露面下端の高さは75cm、また暴露面は日射エネルギーをできるだけ多く受けるように向きを正南面、傾斜角を水平に対して35度とした [5.2.6]。また暴露面を100等分し、縦10cm×横10cmの試験片支持枠を取り付け、個々の支持枠に試験片を取り付けた。

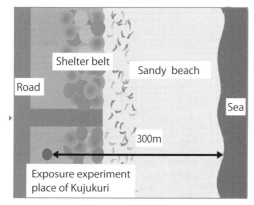
図 5.2.1　海浜断面

図 5.2.2　暴露試験装置

　図5.2.3に0か月（保存試験片）と6か月目の分光反射率・透過率を示す。いずれも反射率は紫外領域240 nm〜400 nmで低く、可視光領域では高くなる。また、0か月よりも6か月の反射率は低くなる。これは試験片表面の汚れによるものである。

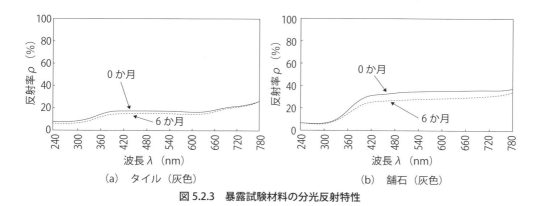
(a) タイル（灰色）　　　(b) 舗石（灰色）
図 5.2.3　暴露試験材料の分光反射特性

図5.2.4に暴露試験6か月間の試験片のUV-B領域の紫外帯域反射率変化比を示す。紫外帯域反射率変化比とは、0か月の紫外帯域反射率を100％とした時の、暴露月数毎の紫外帯域反射率に対する比で示したものである。各材料とも反射率変化比は1か月目で急激に下がり、それ以降の変化は小さい。明るい色の材料は暗い色の材料に比べて反射率変化比の低下は少ない。また回帰線の傾向から、各材料は6か月目までに変化は少なくなるため、変化比はほぼ1～3か月で決まる。

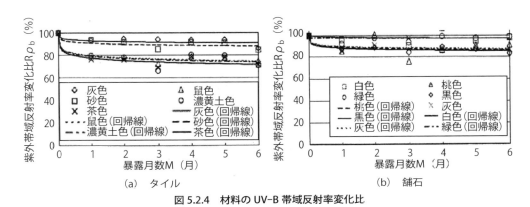

図 5.2.4　材料の UV-B 帯域反射率変化比

図5.2.5にガラスのUV-B帯域の帯域透過率変化比を示す。普通ガラスは2か月目まで大きく変化する傾向がある。ガラスの厚みは3mm、5mm、8mmの3種である。3mm、5mmと8mmを比較すると6か月目では、3mm、5mmの透過率変化比は40％、8mmは20％となった。厚さが増すにつれて透過率変化比の変化は大きくなる。

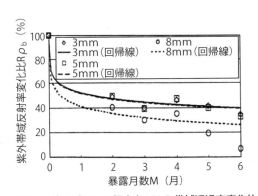

図 5.2.5　普通ガラスの粗さと UV-B 帯域透過率変化比

以上の一連の測定をUV-A領域についても行いUV-B領域と同様の傾向が見られた。

グラフの形状から回帰式は5.2.1式になる。反射率変化比及び透過率変化比をy、経過月をmとする。

$$y = a \log m + b \tag{5.2.1}$$

係数はタイルの場合、$a=-0.064$、$b=0.84$、舗石の場合、$a=-0.028$、$b=0.91$、ガラスの場合、$a=-0.018$、$b=0.47$ である。

暴露試験開始から6か月目までの帯域反射率の変化から、UV-B、A帯域の各材料の汚れによる保守率を求めた。保守率は室内外材料表面の汚れなどによる紫外透過率や紫外反射率の低下を考慮するための補正係数[5.2.7)]である。表5.2.1に測定した84個の建築材料の、UV-B、A帯域の汚れによる保守率を示す。タイル、舗石に塩ビシートの保守率を加えた。保守率0.77～1.0の範囲にあり、UV-BとUV-A帯域での差はあまり無い。

表 5.2.1　UV-B、UV-A 領域の汚れによる保守率

材料	保守率　傾斜角35°（6か月目）	
	UV-B	UV-A
タイル	0.77～0.92	0.77～0.93
舗石	0.85～1.0	0.85～0.95
塩ビシート防水材	0.78～0.85	0.81～0.84

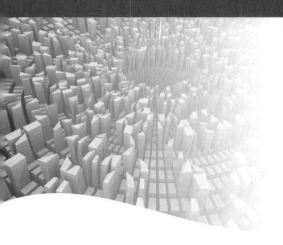

第6章 沿岸域の温熱

6.1 沿岸域の気候とデグリーデー

デグリーデー D とは冬季に建築物が必要とする暖房の熱量の指標で、暖房開始日から終了日 n までの室内の設定温度 θ_s と平均気温 θ_m の差を積算したものである。

$$D = \sum_{1}^{n} (\theta_s - \theta_m) \quad (℃・日) \tag{6.1.1}$$

気温が 18 ℃より下がったとき、暖房装置を駆動させ室温を設定温度 18 ℃まで上げる。気温は時刻や日により変動するので、そのままでは取り扱えず、平均した気温と設定温度との差を 1 年を通じて総和する。D は $D_{18\text{-}18}$ と表記されることがある。

図 6.1.1 の東京の場合、10 月～5 月での 7 か月間の 18 ℃～最低 5 ℃までの温度を合計する。

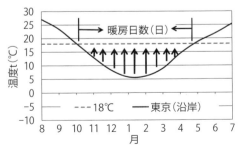

図 6.1.1 東京（沿岸域）の暖房デグリーデー

沿岸域は内陸部に比較して気温の日・年較差が小さい。このことは暖房に必要な日数、冷房に必要な日数に影響を与える。沿岸域は内陸部に比較してデグリーデーが少ない。図 6.1.2

(a) は銚子（黒潮沿岸域）と前橋（内陸）の平均気温の比較である。図 (b) は仙台（黒潮・親潮混合域）と山形（内陸）、図 (c) は親潮域の釧路（沿岸）と帯広（内陸）の比較である。いずれも沿岸域が内陸より気温が高く、デグリーデーが小さい。しかし暖房開始日、終了日は大きな差が無く、暖房機器の稼働期間は同程度である。図 (d) は黒潮域の那覇と静岡の比較で那覇は暖房が不要である。

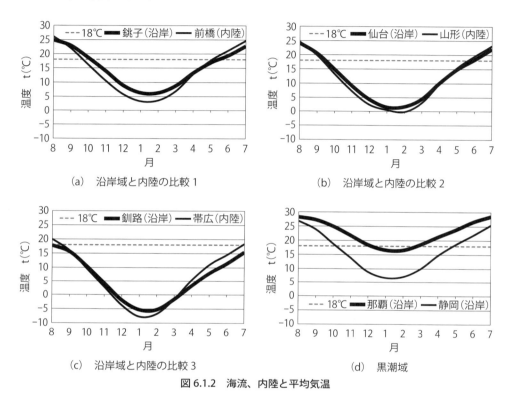

(a) 沿岸域と内陸の比較1　　(b) 沿岸域と内陸の比較2

(c) 沿岸域と内陸の比較3　　(d) 黒潮域

図 6.1.2　海流、内陸と平均気温

図 6.1.3 は日本の暖房度日 $D_{18\text{-}18}$ の分布である[6.1.1]。日平均気温が 18 ℃より低い日を暖房日とし、18 ℃と日平均気温の差をその日の暖房度日という。年間の積算値で表し単位は度日（℃ day）である。太平洋岸暖流域と寒流域による一次エネルギー消費量が大きく異なることが分かる。太平洋岸黒潮域の沖縄は 500 以下、鹿児島、高知、室戸、潮岬、伊豆半島南端は 500 〜 1,000 で、九州、四国、近畿、東海、千葉は 1,000 〜 1,500 に入る。対馬暖流域も沿岸に添う地域は暖房度日が低い。

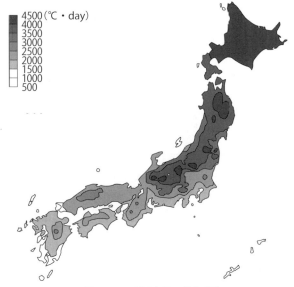

図 6.1.3　暖房度日の分布 [6.1.1)]

　表 6.1.1 は海流別にまとめた 1961 年～ 1990 年の統計値を基に算出した国内主要都市のデグリーデーである。理科年表のデグリーデーの値を参考にしている [6.1.2)]。暖房は 10 ℃以下の時に行い、10 ℃以上の平年の初日と終日の間を暖房期間とする。期間内の基準温度 14 ℃との差を積算した値を暖房デグリーデーという。一方、冷房デグリーデーは、基準温度 24 ℃以上の時に冷房を行い、24 ℃以上なる初日と終日の期間を冷房期間とする。その間の温度と 24 ℃との差を積算して出す。

表 6.1.1　海流、内陸とデグリーデー [6.1.2)]

海	都市名	年平均水温(℃)	年平均気温(℃)	暖房D(℃)	冷房D(℃)	陸	都市名	年平均気温(℃)	暖房D(℃)	冷房D(℃)
対馬暖流	秋田	15.8	10.5	1853	19	内陸	札幌	8.6	2574	
	新潟	17.3	12.7	1398	92		山形	11.5	1907	30
	福井	18.2	13.4	1260	132		福島	12.8	1583	52
	鳥取	18.8	13.8	1103	133		宇都宮	13.4	1416	47
	福岡	19.8	15.8	754	215		前橋	14.2	1224	99
黒潮	静岡	20.7	15.6	720	135		甲府	14.3	1282	92
	高知	21.9	15.8	743	187		長野	11.7	1860	37
	宮崎	22.8	16.5	567	210		岐阜	15.5	1056	173
	鹿児島	23.0	17.5	518	269		京都	15.6	1035	203
	那覇	24.9	22.2		444		奈良	14.6	1168	125

年平均水温、年平均気温、年平均相対湿度、年平均全天日射量は 1981 年～ 2010 年気象庁
暖房、冷房D（デグリーデー）は 1961 年～ 1990 年統計値、理科年表

図 6.1.4 は沿岸域都市の暖房・冷房デグリーデーと年平均気温である。平均気温が上昇するにつれて暖房デグリーデーは減少し、冷房デグリーデーは上昇している。図 6.1.5 は沿岸域と内陸の都市のデグリーデーの違いである。同じ気温でもデグリーデーが 200 ℃近く沿岸域が少なくて済む。

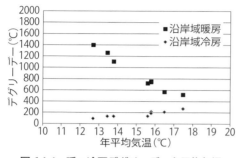
図 6.1.4　暖・冷房デグリーデーと平均気温

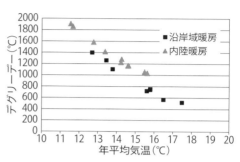
図 6.1.5　沿岸域・内陸の暖房デグリーデー

図 6.1.6 は暖房・冷房デグリーデーと海面水温である。水温が上昇すると暖房デグリーデーは減少するが、水温 20 ℃〜 22 ℃では一定となる。冷房デグリーデーも同様である。

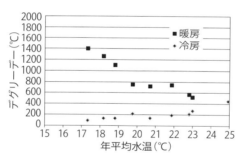
図 6.1.6　デグリーデーと海面水温

6.2　建築物と海面・地物反射日射

6.2.1　太陽直達、天空日射、反射日射の計算 6.2.1)

図 6.2.1 のように沿岸域の建築物は太陽や空からの日射に加えて、海面・地物からの反射日射が加わる。海面・地物の日射反射率（アルベド）によって壁面の受ける日射がどの程度変化するかを検討する。

建築物の温度変化は、空気温度、風のほか、屋上や壁面に入射する日射量よって起きる。日射は太陽から直接到達する直達日射量と、大気により散乱した天空日射量に分けられる。この内、直達日射は季節や時刻により太陽の高度、方位は大きく変化する。一方、天空日射は太陽高度が高くなるにつれて大きくなるが方位による違いは少ない。

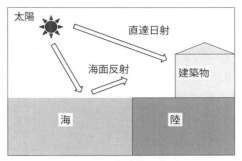

図 6.2.1　沿岸建築物と日射

　法線方向直達日射量 J_{dn} はブーガの式から計算される。太陽定数を J_0、大気透過率 P、太陽高度 h とすると、次式になる。

$$J_{dn} = J_0 \cdot P^{(1/\sin h)} \tag{6.2.1}$$

また水平面直達日射量 J_{dh} は

$$J_{dh} = J_{dr} \cdot \sin h = J_0 \cdot P^{(1/\sin h)} \cdot \sin h \tag{6.2.2}$$

天空日射量はベルラーゲの式で求められる。

$$J_{sh} = J_0 / 2 \cdot \sin h \cdot (1 - P^{1/\sin h}) / (1 - 1.4 \ln P) \tag{6.2.3}$$

したがって水平面全天日射量 J_h は次式となる。

$$\begin{aligned}J_h &= J_{dh} + J_{sh} \\ &= J_0 \cdot \sin h \cdot \{P^{(1/\sin h)} + 1/2 \cdot (1 - P^{1/\sin h}) / (1 - 1.4 \ln P)\}\end{aligned} \tag{6.2.4}$$

　建築物の受ける日射量は壁面の方位別の検討を行うため、直達日射と天空日射を分割して扱う。過去から現在まで、直達日射量と天空日射量を合成した水平面全天日射量については膨大な測定値が蓄積されているが、二つの日射量に分割されていないので、そのままでは計算に使用することはできない。直達日射と天空日射を分割する方法を直散分離という[6.2.2]。大気透過率 P を変化させて全天日射測定値と一致する値を求める。求められた P を 6.2.1 式、6.2.3 式に入れれば直達日射量、天空日射量を算定できる。

　この他、2 個の日射計を用いて水平方向の直達日射を測定する方法がある。水平面全天日射量と、太陽遮蔽帯を持つ水平面天空日射量を測定し両者の差から水平面直達日射量を算定できる。太陽遮蔽帯は傾斜角を太陽高度に応じて調整し、帯幅による修正を行う。法線方向の直達日射量を直接測定するには、日射計を太陽の方位と高度に追従させる装置が必要であり、研究

機関で実施されている。

太陽方位角を A、壁面の方位角を A_v とすると、鉛直面直達日射量は次式になる。方位角は南を0度とし、西90度、北180度、東270度と数える。

$$J_{dv} = J_{dn} \cdot \cos h \cdot \cos(A - A_v) \tag{6.2.5}$$

水平面天空日射量は、直散分離によって求められているので、鉛直面天空日射量 J_{sv} は

$$J_{sv} = J_{sh} / 2 \tag{6.2.6}$$

である。

海面や地物からの反射日射量 J_r は、海面の日射反射率を ρ_w、形態係数を C_w、砂面の日射反射率を ρ_g、形態係数を C_g として、

$$J_r = (\rho_w \cdot C_w + \rho_g \cdot C_g) \times (J_{dh} + J_{sh}) \tag{6.2.7}$$

である。ここでは海面反射は、太陽高度が高く、波の有る状態で拡散反射とした。

したがって、ある壁面の全日射量を J とすると、

$$J = J_{dv} + J_{sv} + J_r \tag{6.2.8}$$

となる。$J_0 = 1350$（kW/m²）、$P = 0.59$、$h = 70$ として、太陽南中時、太陽高度70度、南側壁面の日射量を計算する。形態係数1で、日射反射率をパラメータとした計算結果を図6.2.2に示す。縦軸は日射反射率0すなわち海面や地物反射が無い時に対する比である。太陽高度が高い時の海面の日射反射率は 0.08 ～ 0.1 程度であるから 1.1 倍日射が増す。海砂の日射反射率は 0.2 程度あり 1.2 倍になる。

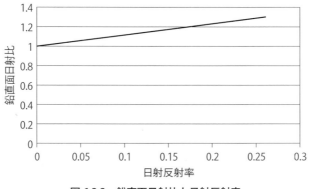

図 6.2.2 鉛直面日射比と日射反射率

　以上のように海面や地物の反射がある時に壁面の受ける日射量は増加する。したがって壁面の断熱や空調負荷の増加に対処しなければならない。海上に設置されたレストランが夏季の強い日射によって室内温度が高くなり、空調設備を増設したり稼働時間を長くして、適温まで下げた例がある。

　海面の日射反射率の取り扱いは極めて難しく、波高、波向、周期、波形、潮位、建物高さ、太陽高度、天候など様々な要素によって異なる。太陽高度が高い時は拡散反射に近いが、太陽高度が低い時は拡散反射に加えて鏡面反射成分が増し方向性を持つようになる。太陽高度が低い時は、直達に対する拡散と鏡面の日射反射率、さらに天空に対する拡散の日射反射率を考慮しなければならない。また夜間には海面・地物からの放射量を含める。

6.2.2　沿岸建築物の外壁面の入射熱量

　沿岸建築物の外壁面に入射する熱量は、図 6.2.3 のように直達日射、天空日射、海面・砂面の反射日射、海面放射、砂面放射を考慮する。壁体の外表面への熱流 q_{os}、壁面への対流熱伝達 q_c、壁面への日射量 q_e、壁体に吸収される天空からの長波長放射 R_s、海面、砂面など地物からの長波長放射 R_g、壁面からの長波長放射 R_{os}、とすると [6.2.3)]

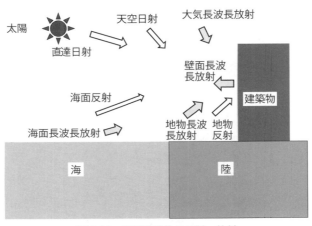

図 6.2.3　沿岸建築物の日射、放射

q_c は、壁体の外表面対流熱伝達率を $α_{oc}$、外気温を $θ_o$、壁面温度 $θ_{os}$ として

$$q_c = α_{oc}(θ_o - θ_{os}) \tag{6.2.9}$$

になる。

q_e は、外表面に日射吸収率 a_s、鉛直面直達日射量 I_{dv}、壁面から見た天空立体角投射率 F_{sky}、天空日射 I_{sky}、壁面から見た海面立体角投射率 F_{sea}、海面日射反射率 $ρ_{sea}$、壁面から見た砂面立体角投射率 F_{sand}、砂面日射反射率 $ρ_{sand}$、水平面直達日射量 I_{dh}、として

$$q_e = a_s \{I_{dv} + F_{sky} \cdot I_{sky} + (F_{sea} \cdot ρ_{sea} + F_{sand} \cdot ρ_{sand}) \cdot (I_{dh} + I_{sky})\} \tag{6.2.10}$$

になる。この内、I_{dv} と I_{dh} は太陽高度 h、太陽方位 A、壁面方位 A_w のとき、

$$I_{dv} = I_{dh} \cos(A - A_w) / \tan h \tag{6.2.11}$$

の関係がある。I_{dh} で表現したのは通常、水平面全天日射量が観測されており、直散分離法によって水平面の直達日射と天空日射が分離できるからである。

大気、海面、砂面の放射をを考慮する。R_s は、壁体放射率 $ε_{os}$、大気放射率 $ε_{air}$、黒体の放射定数 $σ$、外気の絶対温度 T_o として、

$$R_s = ε_{os} \cdot F_{sky} \cdot ε_{air} \cdot σ T_o^4 \tag{6.2.12}$$

になる。

R_g は、海面の放射率 $ε_{sea}$、海面の絶対温度 T_{sea}、砂面の放射率 $ε_{sand}$、海面の絶対温度 T_{sand} とし、海面、砂面は黒体と見做せるので [6.2.4]、

$$R_g = ε_{os} \cdot σ \cdot (F_{sea} \cdot ε_{sea} \cdot T_{sea}^4 + F_{sand} \cdot ε_{sand} \cdot T_{sand}^4) \tag{6.2.13}$$

になる。R_{os} は、壁体表面の絶対温度を T_{os} として、

$$R_{os} = ε_{os} \cdot σ T_{os}^4 \tag{6.2.14}$$

である。

q_{os} は、

$$q_{os} = q_c + q_e + R_s + R_g - R_{os} \tag{6.2.15}$$

である。

　夏季海浜で遊ぶ人々は太陽直達日射や天空日射のみでなく、地物からの反射日射を受け、厳しい暑さにさらされる。灘岡和夫、内山雄介、山下哲弘らは夏季砂浜海岸の熱収支構造と人体の快適性について研究を行った[6.2.5),6.2.6)]。千葉県幕張海浜公園にて13時間の連続観測を行い、砂浜海岸の微気象は、冷源としての海域、熱源としての砂浜、冷源としての植生帯によって構成されるとしている。測定結果から日向の乾燥砂面は12時頃、60℃に達しているが、湿潤砂面は30℃、日陰の乾燥砂面は35℃程度に収まっていることが分かる。日除けなどによる日射遮蔽が極めて効果的である。さらに快適性について人体過剰フラックスを用いて検討している。海からの冷涼な風を受ける汀線付近は快適で、砂浜上は不快、木陰は快適であることを解析的に明らかにしている。

　沿岸域には海域側にも建築物が存在する。海中展望塔や浮体空港、浮体レストランなどである。これらは造船所で鋼製で建造されることが多い。鋼製なので夏季、強い日射により甲板や天井板が変形して応力による歪が生じたり[6.2.7),6.2.8)]、室内温度上昇のため大きな冷房装置を要するものがある。建築物の海面上部分は強い日射により室内に向けて熱移動が起こって高温となり、一方、海面下部分は海水温度によって定まるという複雑な温熱環境に支配される。海上は周匝に遮る物が無いため、日射は午前から午後遅くまで建築物に作用し、温度上昇のみでなく、太陽直達光によるグレアが発生しやすい。甲板を白色で塗装し日射を反射したり、断熱材で遮断するなど設計にあたり、現地の日射観測結果に基づく、検討が必要である。

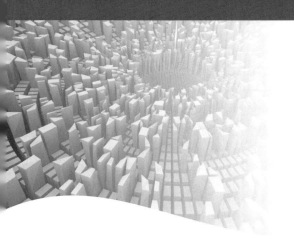

Chapter 7

第7章 沿岸域の光・色

7.1 海岸の景観

7.1.1 沿岸域の風景

　海を眺めることは、現在ではその美しさを堪能したり癒しの行為となっている。海の青さ、波の動き、海岸線の変化、太陽の水平線への沈み、など景観を楽しむという要素が大きい。しかし古代は魚群を発見し漁に出るため、中世は交易の船の出入りを知るため、など人々が生活する為の重要な作業であった。中世の日本は、波の荒い太平洋よりも、波の静かな日本海が交易の主要路であった。したがって港近くに高い望楼を持つ建築物を立てた。海側を広く見渡せる窓を作り、常時人が海を眺めていた。海を眺めることが当時の交易者にとっていかに大事であったかを、建築史家西和夫が「海・建築・日本人」で記している[7.1.1)]。時代が変わり海を眺めることが仕事になっているのは、漁業者、港湾関係者、海岸管理者、航海士など一部の人々に限定されている。現在は圧倒的に海洋レジャーや海洋景観を楽しむのが目的の人々が多い。したがって海浜リゾートホテル、旅館、展望所、ウォータフロント高層ビル群などの建築物は、海側に大きく開口部を取り、窓ガラスをはめて、暑い時、寒い時、強風時、雨天時、夜間も海洋景観を楽しめるようになっている。温泉に浸かりながら海洋景観を楽しめるホテルや旅館もある。

　海の青さや、海の昼景、夜景は人に安らぎを与える。人間を含む陸上の生態系はもともとオゾン層の生成により紫外放射が減少し、海から陸へ移動できた。また海は豊かな食糧を人類に提供してきた。これらは人間の奥深いところに本能の一部として記憶されているのであろう。従来、沿岸域は高潮、津波、強風、浸食、塩分、高湿などで住むには適切でなかった。しかし現代は、海岸保全が進み、建築材料の進歩により、上に挙げた沿岸域特有のマイナス要因を克服できるようになってきた。沿岸域の建築物の長所である海洋景観を楽しむことが強調できる

時代に入っている。近年、沿岸域の建築物、とくに高層マンション、ホテル、リゾートなどは海洋景観を楽しむことを重視している。海岸に建つホテル、リゾート施設、リクリエーション施設などは、海の景観を楽しむために、海側に大きな開口部を設けている。ホテルや高層マンションは陸側に比較し、海側は値段も高い。また海を遠望できる高台の住宅や別荘は高い価格で取引されている。

ではどのような海洋景観に人は魅力を感じるのだろうか。好かれる、好かれない景観を列挙してみる。

(1) 好かれる沿岸域の風景
・磯で砕ける波の様子。浜辺で海水が押し寄せる、引く様子。
・内海で船が行き来する昼景、夜景
・海浜で遊ぶ人々を見る。海水浴、ハングライダー、ボール遊び、サンドヨット、馬で散歩、ビーチバレーなど、人の動きがある光景
・船の着岸・離岸や、岸壁で作業をする人々、見送り出迎えの人々
・沖合をヨットや船が航行している様子
・汀線で波が飛沫となり、泡が消える有様
・水平線から太陽が昇る光景、沈む光景。海面に帯の様に延びる太陽の海面反射光
・海へ行く道で、木々や建物の間から海が見え始める時
・海岸線付近のヨット桟橋付き高級住宅
・佐世保九十九島や宮城松島など多島海を高所から眺める
・船に乗っている時は、すれ違う船
・広がり消えていく船の航跡
・海面で魚や鳥が動く様子

(2) 好かれない沿岸域の風景
・正面に海しか見えない。最初は良いがすぐ飽きてしまう
・太陽高度が高く、海面がギラギラして見ていられない
・水が汚い
・コンクリート護岸など人工的風景

土木工学分野の景観に関する成書は、樋口忠彦[7.1.2)]、中村良夫[7.1.3)]、篠原修[7.1.4), 7.1.5)]、土木学会水辺の景観設計[7.1.6)]、土木学会港の景観設計[7.1.7)]、国土交通省海岸景観形成ガイドライン[7.1.8)]、佐々木葉[7.1.9)]などがある。景観把握のためのモデルは視点、視点場、視対象の三要素から成り立っている[7.1.10)]。視点とは環境を眺める人が立つ位置であり、海洋景観の場合、建築物の室内やベランダ、屋外では海浜、高台などである。視点場とは視点に立つ人の周囲の空間、状況である。視対象とは視点から眺められる環境とその構成要素であり、海洋景観の場合、海水浴客、海、波浪、磯、海岸線、海浜、海岸林、岬、対岸、島、航行船舶、沿岸建築

物、太陽海面反射光、生物などである。図 7.1.1 に視点、視点場、視対象を示す。

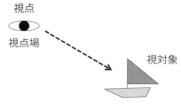

図 7.1.1 視点、視点場、視対象

7.1.2 視対象の性質

視対象としての海は、次のように類型化できる[7.1.11)]。

①自然海岸

ⅰ. 砂浜型　砂浜が主になる型

　弓状汀線型　図 7.1.2 のように海岸線が弓のように大きくそった型。打ち寄せる波が砕け動的であるが、優しい感じである。

　砂州型　砂州が内海、外海を分ける型で、潮汐によって形を変える。

図 7.1.2　砂浜型の海岸線

ⅱ. 岩島型　磯、岩、沖合陸地が主なる型。

　多島海型　松島、九十九島、瀬戸内海、リアス式海岸のように高台から、海や多数の島を見わたせる。

　奇岩型　特徴のある独立した岩による型。

　島山型　対岸や沖合の島や山と、そこにいたる海面が主な型。

②都市型
海の向うに街、建造物、公園などが見られる。

視対象との距離

視対象との距離は、すなわち視距離は人を見る場合、顔の表情は 12m まで、動作を認識できるのは 135m 程度、存在を認識できるのは 1200m 程度である[7.1.12)]。海水浴、砂遊び、ビーチバンーなど海浜で遊ぶ人々を眺めるには 100m 以内が望ましい。樹木の場合、図 7.1.3 のように視対象までの距離は近景 10m～約 500m 以内まで、中景 500m 以上～3km 以内までで一本一本の樹木が見分けられる、遠景 3km 以上と分類される[7.1.13)]。対岸の建築物も近景の範囲の中に有ればはっきり認識できる。図 7.1.4 は近景で海浜と汀線、波浪が見られる。図 7.1.5 は対岸にある建築物を見ている写真である。海洋の景観の場合、海浜から水平線まで、近、中、遠景を、連続的にすべてを見ることになる。

図 7.1.3　近景、中景、遠景と距離

図 7.1.4　近景

図 7.1.5　対岸の建築物

視対象を見込む角度を見込み角といい、見えの大きさを表現するのに使われる。見えの大きさ a は対象の規模 b を視距離 L で割って得る[7.1.14)]。

$$a \propto b/L \tag{7.1.1}$$

図 7.1.6 のように、見込み角は水平と垂直がある。海洋景観の場合、海岸断面方向に視線を向けると、海や海岸線は水平方向に長いので、水平見込み角は大きくなる。鉛直見込み角は手前の海浜から水平線までで水平に比較すると小さい。海岸線に平行方向に視線を持つと、水

平、垂直共に見込み角は大きい。いずれにせよ主となる視対象によって視距離は大きく変化する。

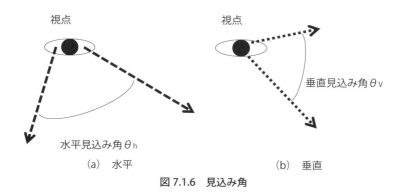

図 7.1.6　見込み角

　良い眺めとは、眼が生理的に無理のない眺めである[7.1.15]。生理的に無理が無いとは、人間が生命を維持する上で楽な行動であり、視覚についていえば見やすさで、その条件を次に記す。
a. 見込み角 10 度は一瞬見ただけで、一まとまりとして認識できる[7.1.16]。海を見た時は水平方向で 10 度以上あるのでまとまって把握できない。
b. 水平約 20 度、垂直約 10 度の範囲は一目で見られる[7.1.17]。海は水平のみならず垂直もその範囲に収まらないので、一時に一部しか見られない。図 7.1.7 のように樹間に見える海は水平見込み角が小さく海としてはっきり認識できる。

図 7.1.7　樹間の海を眺める

c. 仰角、俯角とは、図 7.1.8 のように視対象を見上げるときの上向きの角度は仰角、見下げるときの下向きの角度は俯角である。海の場合、図 7.1.9 のように水平線より下方向を見るので俯角に関係する。人間の視線は水平より俯角 5 度〜 15 度程度が見やすいといわれる[7.1.18]。視点によるが、海は水平線から手前の海浜まで俯角方向だから、空より見やすい。

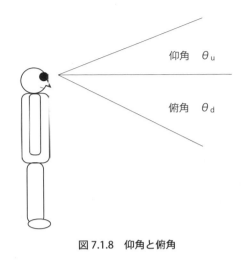

図 7.1.8　仰角と俯角

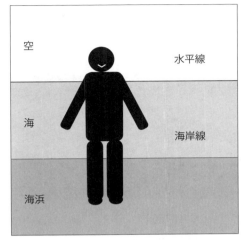

図 7.1.9　水平線と海岸線

　建築の立場から見た海洋景観の分類は、人口の多い箇所での景観の分類が主になる。都市部、工場地帯、港湾、街並みなどで異なる。神戸、長崎、函館などは昼景と夜景、双方が好まれる。シーサイドホテルやシーサイドマンションは海洋景観を売り物にするが、一般の建築には海が見えるというだけで十分である。その理由は海が近くに広大に見えるほど塩害や強風で被害を受けやすいからである。

　沿岸域の建築物における海洋景観の扱いには3種類ある。
　①海岸線付近の建築物、例えば住宅や、ホテル、レストラン、マンションなどは眼前に、広大な景観が広がる。水平に海岸線が端から端まで見渡すことができる。鉛直方向にも天頂付近の空から水平線を通り手前の海浜まで眺められる。視点場の海抜高度は低い。とくに景勝地での素晴らしい景色が眺められる。景観を楽しむ立場からは図7.1.10のように海岸線付近が最も条件が良い。ただ海岸線に近いため、平常時も塩害、高湿で建築物の傷みが早く寿命は短い。定期的に建築物に付着した塩分を、水により洗い流す必要がある。とくにホテルやレストランは眺望のため、窓など開口部を大きく取るので洗浄に手間がかかる。また高潮、津波、強風、台風などのリスクがあり、東日本大震災以降、海岸線付近の海抜高度の低い場所には新たな建築物の建設が避けられている。

　②海岸線から高度のある場所のホテル、レストラン、マンションは、塩害も少なく、高潮や津波の危険も少ない。眺望の為の開口部を広く取れる。しかし視点場が高く、視対象から遠くなるから、景観の迫力が、海岸線付近に比較して低くなる。

　③海岸線から数km離れた高台にある住宅の場合、図7.1.11のように海が樹木や建物の間から見られる。したがって海に対する視野角も狭く、視対象が遠いので、水平線と海の色が認識できる程度である。海に対する眺望より、平常時の塩害や高湿を防ぐことが重視されるの

で、開口部も大きくない。

図 7.1.10 磯の景観

図 7.1.11 建築物間から見える海

7.1.3 沿岸建築物と視線

沿岸建築物から海を眺望する場合の視線は低層、高層、建築物・海方位によって異なる。図7.1.12のように低層の場合、(a)のように最も海に近い建築物のみが海の眺望を楽しめる。しかし海に近いだけに飛沫や塩気を浴びやすく、波浪や高潮、津波、台風時の強風の危険が有る。陸側の背後の建築物は海を眺望できないが、波音は聞こえる。塩害と上に挙げた海水に伴う危険さは有る。(b)は斜面に建築物が有る場合で、海から離れても海の眺望は楽しめる。高台の住宅地や別荘などがこれにあたり、高所であれば津波の被害も危険さも少ない。(c)、(d)のマンション、アパート、ホテルなど高層建築物の場合、低層階からは近くに海が見え、潮の匂いも感じられ、波の運動も見えて迫力のある眺望が楽しめる。しかし海の危険さは有る。高層階は視点が高いので、真下の海浜は見ることができないが、対岸や遠くを航行する船、日没時の太陽の海面反射光などは見られる。

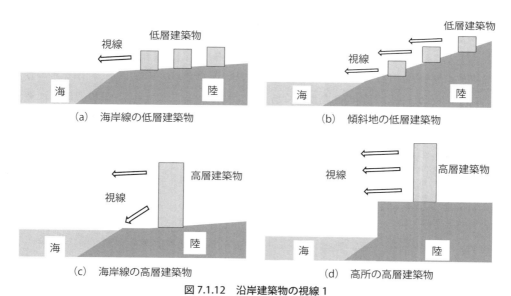
図 7.1.12 沿岸建築物の視線 1

図 7.1.13 は（a）海岸線と平行な建築物で広い眺めが可能な部屋が多い。しかも部屋の奥からも海が眺められる。（b）は海岸線と直角方向に建つ建築物で、海岸線に対する敷地が長く確保できなかった場合である。もっとも海に近い部屋からしか海が見られない。側面の窓から海の一部しか見ることができない。（c）は眺望可能な部屋を増すための台形状の建築物である。

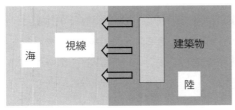
(a) 海岸線と平行な建築物

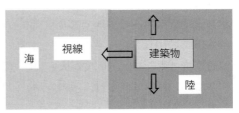
(b) 海岸線と直角な建築物

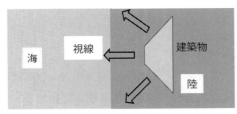
(c) 視点を増す建築物

図 7.1.13　沿岸建築物の視線 2

以上の他、海洋景観に影響を及ぼす要素として、物理的、心理的・生理的側面もあり、物理的要素には視野の広さ、奥行、静的と動的、構成要素の色、形状などが、心理的・生理的には過去の記憶、匂い、波浪音などがある。これらは複雑に混じり合いながら、海の魅力を醸し出している。海の魅力を最大限に味わえ、しかも安全な沿岸建築物が待ち望まれている。

(1) 海の色

海の色は黒潮、親潮で異なり、また陸水の影響や、汚染状況でも異なる。生息する生物によっても海の色は変わる。例えばプランクトンの種類や量で海の色が変化し、とくに青潮、赤潮の色には驚かされる。海の色の測定は気象庁海洋観測指針に記されている。太陽を背にして遠くの海面を見て、液体をガラス管に封じた水色計から同色のガラス管を探し、その番号を見て記録する。

海の色の青さは空の青さと相まって、古くから人の心を和ませるといわれている。海の青さ、奥行き、広さは安らぎと落ち着きを与える。生態系の母胎が海だからであろう。青はストレスの治療にも用いられている。昔の人々は近眼を改善するために、海岸に行き海の青さと水平線を眺めたといわれている。

海面の太陽反射光は、太陽高度が低い日没付近では赤くなり輝度も低くロマンティックな雰囲気となるが、太陽高度が高い昼間は、直達光の輝度が極端に高くグレアが発生し、直視する

ことができない。したがって太陽直達光の有る方向の海面の、海の景観を楽しめない。航海士にとっては進行方向を直視できず危険であるので、サングラスを用いている。海岸近くのレストランでは夕方日没時に食事を予約する客が多いといわれる。その理由は赤みがかったサングリッタを楽しめ、日没後は月によるムーングリッタを眺められるからである。

(2) 透明度

海水の透明度は内湾と外洋では全く異なる。東京湾奥では汚染が激しかった頃は数十cmに満たなかった。伊豆諸島三宅島付近では30mを超すときもある。海水中の懸濁物質や生物によって透明度は異なる。透明度が大きいほど、清浄な感じを受けると同時に、水中の魚類、藻類、岩が眺められるので好まれ、透明度が低いと汚濁していることと臭いがある場合があり、避けられる。

7.2 海面反射光 [7.2.1)]

7.2.1 サングリッタと物理的特性

直射日光が海面に反射している部分をサングリッタと呼び、沿岸・海洋域特有の光環境要素である。図7.2.1にサングリッタを示す。昼間、太陽高度が高い時は広い範囲にわたって光が散乱し、太陽高度が低くなる夕方から日没にかけて、その光が集まり細長い赤い帯のように見え、海岸に訪れる人々に、太古から変わらぬ地球の自然の魅力を感じさせる[7.2.2)、7.2.3)、7.2.4)]。本節ではサングリッタの色変化を数値として明確に表し、さらに視環境がおよぼす人間の心理・生理的影響とサングリッタの物理量の関係を記述する。また、得られた結果からサングリッタの色を国際照明委員会CIE1931色度図上の黒体軌跡[7.2.5)]から5つの階級に分ける。さらに心理に与える影響をBCD (Between Comfort and Discomfort 快適—不快の優劣境界)[7.2.6)]、人間行動に与える影響をサングリッタ視認率[7.2.7)]、視環境に与える影響を遅延度（明暗順応）[7.2.8)]とし、階級表にまとめて魅力あるサングリッタを説明する。また、月日とともに変わる各階級の時間帯を、早見図として表現し、海岸への来訪者が容易に利用できるようにした。

図7.2.1　サングリッタ

サングリッタの物理特性

測定場所は千葉県千葉市幕張海岸にて行った。図 7.2.2 に測定場所を示す。測定データは 1990 年～1995 年の期間、延べ 49 日間、全 491 ケースである。これらのデータのうち、晴天日を基準に、データを抽出し階級表に用いた。

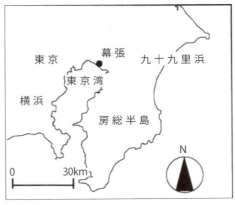

図 7.2.2　測定地点幕張

サングリッタの色度は、1 日に変化するサングリッタの色を数値で示したものである。測定には、色彩色差計を使用した。サングリッタ輝度は光の強さを示す指標で、輝度計で測定し、輝度、色度ともに、サングリッタの中央、サングリッタの端から左右 30 度の海面を測定した。輝度比は、周囲の海面とのコントラスト強さを示す指標で、周囲の青い海面部分の最大輝度値に対するサングリッタ輝度の比から算出する。

①サングリッタ色度

サングリッタ色度と太陽高度の関係を図 7.2.3 に示す。X 軸に色度座標 x、Y 軸に太陽高度 h を示す。測定の結果、太陽高度の低下に伴いサングリッタの色変化は、CIE1931 色度図上の黒体軌跡に沿って、白（昼頃）→黄みの白→薄い黄赤→黄赤→赤（日没）の順に変化し、日没間際には赤色になる。

②サングリッタ輝度

サングリッタ輝度と太陽高度の関係を図 7.2.4 に輝度と太陽高度の関係、図 7.2.5 に輝度と色の関係を示す。サングリッタの輝度は、太陽高度の低下に従い高くなり、色が黄みの白から薄い黄赤付近で輝度は最大となる。そして黄赤、赤に変化する時、つまり日没付近になると急激に減少する。

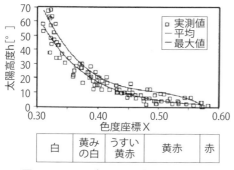

図 7.2.3　サングリッタの色度と太陽高度

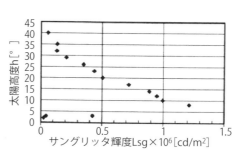

図 7.2.4　サングリッタの輝度と太陽高度

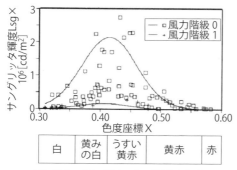

図 7.2.5　サングリッタの輝度と色度

③サングリッタ形状

　千葉県千葉市幕張海岸でサングリッタを撮影し、画像を2値化処理後、見た目で判断する写真判読法[7.2.9)]を用い、サングリッタ形状を図7.2.6の5つに分類した。形状5はサングリッタがばらついた太い形となる。形状4は、水平線に対して垂直方向に太い形となる。形状3は、垂直方向に細長い形となる。形状2は、垂直方向にかなり細長い形となり、形状1は、ばらついてはっきりしなくなる。

(a)　形状5

(b)　形状4

(c)　形状3

(d)　形状2

(e)　形状1

図 7.2.6　サングリッタの形状変化

7.2.2　サングリッタの評価

（1）心理評価

　視野内にある光の輝度を徐々に高くしていくと、ある限界点から不快感を感じる。さらに、光源の見かけの大きさや周辺の明るさを変えて不快感が生じる限界点を求めると、快適、不快の限界線を求めることができる。この限界線をBCD（Between Comfort and Discomfort 快適―不快の優劣境界）といい、その光源を評価する一つの指標となる。6項目7段階尺度のSD法を用いたアンケート調査の結果から色、輝度との関係の優劣を検討したところ、快適感（不快な―快適な）、眩しさ感（眩しい―眩しくない）、美観（美しくない―美しい）、安らぎ感（安らぎのない―安らぎのある）の計4つの形容詞が得られる。また「どちらでもない」という回答をBCDとして捉え回帰線で表す。各項目のBCDを図7.2.7、図7.2.8、図7.2.9、図7.2.10に示す。

（ⅰ）快適感　図7.2.7から、サングリッタの色が白の時は輝度が約 $3 \times 10^3 \mathrm{cd/m^2} \sim 10^5 \mathrm{cd/m^2}$ 以上、黄みの白は約 $10^5 \mathrm{cd/m^2} \sim 10^6 \mathrm{cd/m^2}$ 以上で、薄い黄赤は、$10^6 \mathrm{cd/m^2}$ 以上の時に不快に感じることが分かる。また、黄赤や赤の時常に快適に感じる。

（ⅱ）眩しさ感　図7.2.8よりサングリッタの色が白の時は輝度が約 $4 \times 10^3 \mathrm{cd/m^2} \sim 3 \times 10^4 \mathrm{cd/m^2}$ 以上、黄みの白の時は約 $3 \times 10^4 \mathrm{cd/m^2} \sim 10^5 \mathrm{cd/m^2}$ 以上、薄い黄赤や黄赤、赤の時は $10^6 \mathrm{cd/m^2}$ 以上でまぶしく感じる。

（ⅲ）美感　図7.2.9により、サングリッタは色変化と関係なく全色にわたって美しく感じる。

（ⅳ）安らぎ感　図7.2.10に示す。サングリッタの色が白の時は輝度が約 $3 \times 10^3 \mathrm{cd/m^2} \sim 1 \times 10^5 \mathrm{cd/m^2}$ 以下、黄みの白の時は約 $10^5 \mathrm{cd/m^2} \sim 10^6 \mathrm{cd/m^2}$ 以下、薄い黄赤の時は $1 \times 10^6 \mathrm{cd/m^2}$ 以下で、安らぎを感じることが分かる。黄赤や赤の時は輝度に関係なく常に安らぎを感じる。

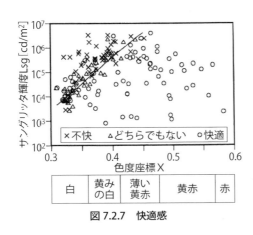

図 7.2.7　快適感

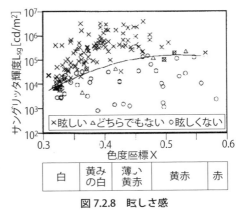

図 7.2.8　眩しさ感

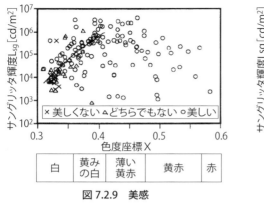
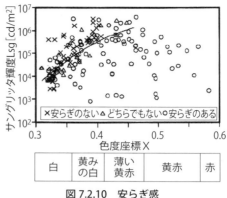

図 7.2.9　美感　　　　　　　　　　　図 7.2.10　安らぎ感

（2）行動評価

　人々の視認行動は、様々な視覚的刺激から一つを選択して行われる。そこで図 7.2.11 のように人々が海辺を訪れた際に、サングリッタを視認する様子を観察し記録した。実験は 1994 年、1995 年の計 11 日間、千葉県千葉市幕張海岸にて来訪者 110 人を対象に行った。測定方法は来訪者が海を視認、もしくは視線を向けた時間と目視によって視線方向を観察した。

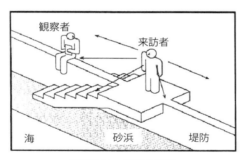

図 7.2.11　観察の状況

　サングリッタの視認率を下式に示す。サングリッタの視認率を S_s、サングリッタの視認時間を t_s、海を視認していた時間を t_a とする。この視認率から、人がどの色に注目するかが分かった。

$$S_s = t_s / t_a \times 100 \ (\%) \cdots \tag{7.2.1}$$

　サングリッタ色度と視認率の関係を図 7.2.12 に示す。サングリッタ視認率は色が赤みを増すとともに高くなる。

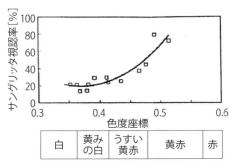

図 7.2.12　サングリッタの色度と視認率の関係

(3) 生理評価

サングリッタが視覚に与える影響を明確にするため、視覚疲労測定計を用いた。この装置は、明暗順応という眼の調節作用を利用し、サングリッタが視野内に存在することによる調整作用の低下度合いを調べるものである。したがって調節時間が遅延するほど調節作用の劣化が大きく、視覚障害が顕著であるといえる。評価は、視覚疲労測定計を使用し、サングリッタを見た直後と室内での調節時間を測定し、下式より、視覚機能劣化（明暗順応）の度合いを遅延度と定義した[7.2.10)]。遅延度を D_e、実験で得た視認時間を t_e、個人別室内基準時間を t_s とする。

$$D_e = t_e \div t_s \times 100 \quad (\%) \tag{7.2.2}$$

遅延度と太陽高度の関係を図 7.2.13 に示す。遅延度は、黄みの白、薄い黄赤で最大となる。その後の影響は減少し、赤色の時、遅延度はなくなる。つまり昼間から夕方にかけて視覚疲労が増加し、日没時間になるとその影響が無くなる。

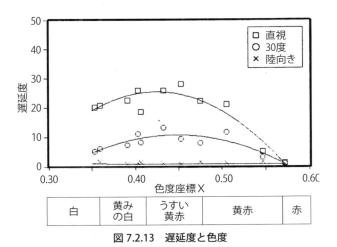

図 7.2.13　遅延度と色度

7.2.3　サングリッタ階級表

今までの研究結果を、サングッリタ色度変化を尺度とした表 7.2.1 の階級表にまとめた。サ

ングリッタの色が白の時を階級5、黄みの白の時を階級4、薄い黄赤の時を階級3、黄赤の時を階級2、赤の時を階級1と定義する。太陽高度、サングリッタ輝度、代表的形状、BCD、視認率、遅延度のそれぞれの項目との関係を示す。各階級は、サングリッタの色によって5つの階級に分けると以下のような特徴がある[7.2.11]。

a) 階級5 サングリッタの色は白く、形状はばらついている。BCDは輝度が高いと不快に感じられる。
b) 階級4 サングリッタの色は黄みの白で、ばらついたサングリッタが中心線方向に集まってくる。輝度は高く遅延度も大きい。また視認率も低い。
c) 階級3 サングリッタの色は薄い黄赤で、輝度は最大となり、遅延度も最大となる。この階級が人間の視環境に最も好ましくない。
d) 階級2 サングリッタの色は黄赤で、この状態から常に快適を感じるようになる。輝度は低くなり遅延度も低くなる。視認率は高くなり、日の入り寸前、サングリッタを見ることができる。
e) 階級1 サングリッタの色は赤で暗く、はっきりしない。遅延度はなく快適に感じる。ただし、認識できる日は少ない。

表7.2.1 サングリッタ階級表

階級	色	太陽高度 h [°]	サングリッタ輝度 Lsg [cd/m²]		心理量 (BCD)	生理量 (遅延度)	代表的な形状	視認率 (%)
			最大～最小	平均				
5	白	50.0～22.3	$4.0×10^5$～$1.1×10^4$	$1.4×10^5$	ほとんど不快	遅延度20 / 視覚障害はやや著しい	ばらついている	18～22
4	黄みの白	24.6～10.2	$2.2×10^6$～$1.3×10^5$	$6.9×10^5$	どちらでもない	遅延度22～25 / 視覚障害は著しい	垂直方向に太い	16～26
3	うすい黄赤	11.4～3.9	$2.8×10^6$～$3.6×10^4$	$8.2×10^5$	輝度が低いと快適	遅延度22～26 / 視覚障害がかなり著しい	垂直方向に細長い	26～58
2	黄赤	7.3～1.0	$8.8×10^5$～$1.8×10^3$	$1.5×10^5$	快適	遅延度1～22 / 視覚障害がほとんどない	垂直方向にかなり細長い	58～80
1	赤	1～0	$2.3×10^3$～$2.6×10^2$	$1.0×10^3$	快適	遅延度1 / 視覚障害がない	暗くはっきりしない	80以上

サングリッタ早見図

サングリッタ階級表の各階級太陽高度をもとに、ある年の年間における各階級の発生する時刻を計算し、図7.2.14に表現した。この図から月日が定まれば快適なサングリッタを観る時間帯や、日没方位を推測できる。

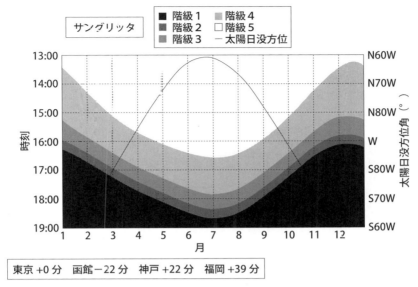

図 7.2.14　サングリッタ早見図

　本節をまとめると、
①サングリッタの色は国際照明委員会 CIE1931 色度図上の黒体軌跡から 5 つに分けられる。②サングリッタ階級番号が小さくなるにつれ、サングリッタを快適と感じる傾向がある。しかし輝度が低ければ全階級にわたって快適に感じる。③美感に関しては、階級番号に関係なくサングリッタを美しく感じられている。④階級番号が小さくなるにつれサングリッタの視認率は高くなる。⑤階級 3 ～ 5 は、サングリッタ輝度が高く遅延度も大きい。特に、階級 3 でサングリッタ輝度、遅延度ともに最大となる。⑥階級に関係なくサングリッタは魅力あるものと考えられる。視認率から階級番号が小さくなるにつれ、より魅力あるサングリッタが現れ、それを見る人が増加する。

7.3　水中色と色彩 [7.3.1)]

7.3.1　水中色の計測

　海中の生物や景色を直接見ることのできる代表的な施設として、図 7.3.1 にあるような海中展望塔、海中水族館、海中レストランがあげられる。この他直接海中を観察する手段としてはグラスボトムボートあるいは観光潜水艇などがあり、またシュノーケリングやダイビングによってはさらに自由に景観とその広がりについて体験することができる。近年では水族館でも大きな水槽を用いているところがあり、水中景観を手軽に観察することも可能となった。これら水中における物体の形状や色彩は、我々が陸上で認識する視覚とはかなり異なっている[7.3.2),7.3.3)]。すなわち、通常の状態において空気中で明瞭に知覚される色も水中では光の吸収される波長の度合いが異なるため、色の知覚は空気中のそれとはかなり異なって見え、水深が増加するにつれ、水中全体が青みがかった単一色の状態となってくる。例えば、赤い血液といえども水中で

は緑色、水深によっては青い色に見えることはよく知られている現象である[7.3.4]。一般に水の透明度が高い状態であっても、本来赤いものが赤く、黄色いものが黄色く見えないとしたなら、我々が陸上で得た色彩に関する知識や経験が海中では役に立たないこととなる。特に、色によって安全や危険を表示することに慣れている我々にとって、色彩は水中で何よりも重視しなくてはいけないものの一つとなろう。

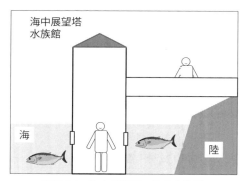

図 7.3.1　海中展望塔、海中水族館

　これまで水中における光の物理的特性については海洋物理の分野で研究の蓄積が見られるが、水中における物体の識別、色彩の認知に関する研究については資料が限られており、生理学的視点、人間工学的視点から具体的実験や調査が行なわれだしたのはごく近年である。水中における色の見え方に関する実験については Paul Emmerson および Helen Ross によって行なわれた実験がある[7.3.5]。すなわち、非常に透明度の高い川（Rainbow Springs, Florida USA、蒸留水に近い光の透過率を有している）の水深 3m のところでダイバーによる色彩認知実験を行ない、この時空気中で計測した色度とこれら川の中で計測した色度の値を CIE 1931 色度図に表示した。特にこれまで水中における色彩の問題に対するニーズが少なかったことや、その重要性の低かったこともあろうが、それ以上に水中照度や透明度など色彩を取巻く環境の再現性の問題などからも測定や調査を困難にし、資料も得にくかったものとも考えられる。

　近年、各種海中工事、観測・調査活動はもとより、海中空間を利用したレジャーが盛んとなるにつれ、人間工学的視点で水中での人間活動や行動をとらえ直さなくてはいけないとの指摘がされだした[7.3.6]。上述のように、人間が水中空間で作業や調査活動を行なう時に色彩から得られる情報はそこでの安全や快適性その他効率を考える上で欠くことのできない要素ともなる。そこで本節では海中における色が水深と距離との関係でどのように観測されるかその物理量について、透明度の異なる実海域で調査し、これを色度図に表現したのでその特性について述べる。

　本節の色に関する計測では、1) 距離が遠ざかるにつれ、また 2) 水深が深くなるにつれどの様に色が変化して観測されるかについて、3) 透明度の異なる水質を有する海中場において計画し、この時の色度を CIE 色度図に表し、その特性を把握した。図 7.3.2 に計測の状況を示す。色彩板は 1 辺 40cm の板を 4 枚、田の字形に組みこれを白、赤、緑、青それぞれに色分

けした木製の板であるが、光による反射の影響をできるだけ少なくするためにつや消し仕上げとし、また大きさについては20m先でも計測器内の計測窓に一つの色が収まるような大きさとした。本計測では色彩板を水深3m、6m、9mの所に海面のフロートから直角に吊り下げる状態で設置し、この色彩板からそれぞれ3m、6m、9mと水平に離れた各地点から色彩色差計により輝度、色度を計測する。この時、色彩板の設置と観測側の係留索は図に示したように、水面のフロートと海底の重りで緊張係留させた。透明度の計測はセッキー板を海面から水中に沈め、これが見えなくなる水深をもって透明度をmで表現するが、今回7m、12m、17mそれぞれの透明度の所で色度の計測を試みた。計測は最も昼光の安定している午前11時～1時30分の間に終了するようにした。

図7.3.2　機器の配置及び計測状況

7.3.2　水中色の変化

　結果は国際照明委員会CIE色度図に記入した。色度図とは三原色である赤、青、緑の混色量を2次元xy座標で定量的に表現したものである。図7.3.3（a）はCIE色度図である。透明度が異なる状態で水深方向に3mずつ9mまで、また色彩板から水平方向に3mずつ9mまで離して計測した状態での結果並びに空気中での値を色度図に示した。白色について図（b）、図（c）に示した。17mと最も透明度が高かった状態と7mと低かった状態で、透明度が異なっても色度にはあまり変化がみられず、白色の正位置に近いまま計測された。赤色について色度図上に表現したものが図（d）、図（e）である。色度図上では明度も低く、暗い緑色域の位置にある。透明度が17mでは、水深が増加するにつれy方向の値の減少よりもx方向の減少が大きく、水深と共に徐々に短波長側（青色域）に近づいている。一方、水平方向の距離が増加する場合、すなわち距離が離れる場合では色の計測値に水深方向ほど変化が無い。透明度が悪い状態では水深の増加、或いは水平距離の増加に対して色度の違いはあまり大きな変化を見せていないが、色彩板から9m離れたところでは計測値を得ることができなかったように、背景と同化して区別がつかない状況であった。

　図（f）から図（h）に青色と緑色について計測結果を示した。青色のように透明度が高い時

第7章 沿岸域の光・色

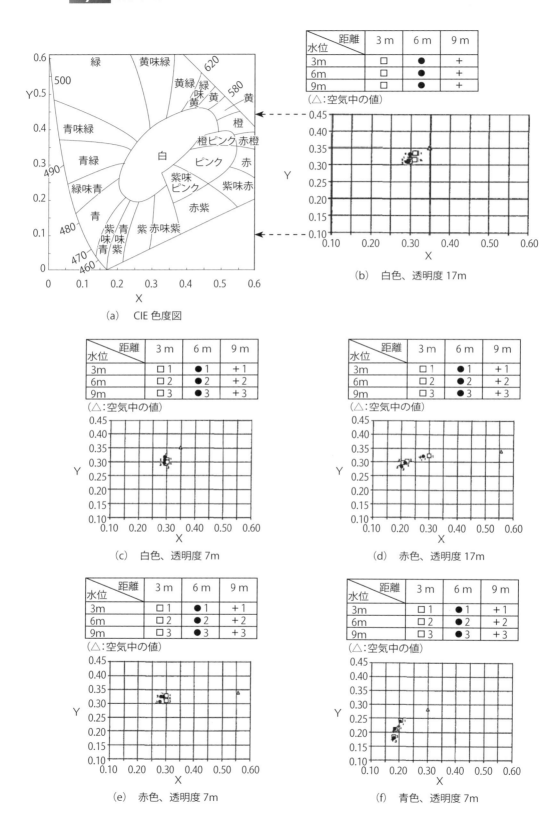

(a) CIE 色度図
(b) 白色、透明度 17 m
(c) 白色、透明度 7 m
(d) 赤色、透明度 17 m
(e) 赤色、透明度 7 m
(f) 青色、透明度 7 m

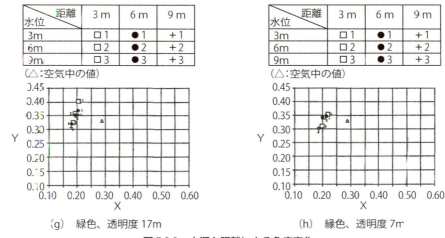

(g) 緑色、透明度17m　　　　　　　　(h) 緑色、透明度7m

図 7.3.3　水深と距離による色度変化

では水深が増加するに伴い、急速により暗い青色域へと変化している。緑色において透明度17mの状態では水平距離3m、6m、9mとも水深が増加するに伴いy方向の値の減少がx方向の値の減少に比べ大きく、透明度が7mの状態では光の透過率が下がるため水深3m、水平距離3mの所ですでに長波長が吸収され、青みがかった緑色域として計測され、赤色同様どの水深からも9m離れた所では計測不可能となっている。

　最も透明度の低かった場合は、どの水深においても無彩色に近い領域にある。これから分るように透明度が低くなるにつれ、すなわち光の透過率が低くなると色は周囲の色や背景と同化して、感知されなくなり無彩色の領域になってしまう。透明度ごとにどう観測されるかについて水深が6mのものを例に色度図に表示したものが図7.3.4（a）から（d）である。図（a）は白色についてであるが、これから分るように距離を3m、6m、9mとしながら、透明度が低い方から高い方にその変化を追って見た場合、透明度が良くなるにつれて多少ではあるが、x方向、y方向とも値が長波長側に移動していき、正位置の白色に近づいていくことが分る。また図（b）の赤色では同じく水深を一定（6m）とした場合では、わずかであるが短波長域（青色域）に移動している。また図（c）の緑色及び図（d）での青色についてはx方向の値はほとんど変化せずy方向のみ変化している。透明度が良くなれば緑色についてはより空気中の緑色に近づいて行くが、青色はあまり変化がない状況であった。

第7章 沿岸域の光・色

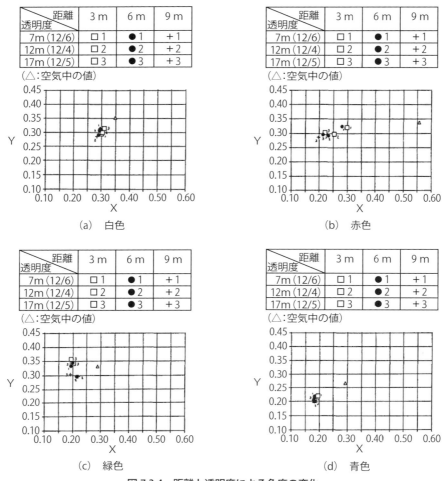

図 7.3.4　距離と透明度による色度の変化

　図 7.3.5 に最も透明度が高かった時（17m）、水深と色彩板からの水平距離の違いによる輝度の変化についての結果を示した。一般に輝度は物体から反射した波長であり、照度が同じでも見る角度や色が異なれば輝度も異なるし、また、距離が離れることにより輝度も異なる。特に輝度はエッジ効果と呼ばれるように物体を知覚する時に影響を及ぼす要因である。空気中での照度が平均、98,600 lx であったのに対し、海中での照度計測（色彩板に対して水平）では透明度が高かった時と低かった時での水深 3m、9m、の所ではそれぞれ、3200 lx、820 lx と 940 lx、480 lx であった。距離が離れることによる輝度の変化の計測では 4 色の中では白がもっとも大きく、赤、緑、青色は水平距離 3m の所では各水深によって値に多少のバラツキが見られるが水深にあまり左右されない。白色については水平距離が離れるにしたがって変化する輝度の値と、水深が深くなるに従って変化する輝度の値ではほとんど同じ傾向を示した。

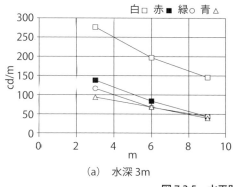 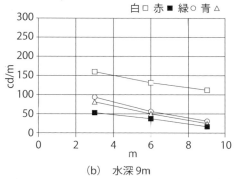

(a) 水深 3m　　　　　　　　　(b) 水深 9m

図 7.3.5　水平距離による輝度変化

　本節は次のようにまとめられる。白色においては水深、水平距離、透明度などにあまり影響を受けず、空気中で計測された値に近い状態で観測され、従来からいわれているように白色における色彩の恒常性を水中でも示した。一方、赤色については空気中で計測された色よりも暗い青色の領域の値を示した。透明度が低くなると水平距離 9m では周囲の色に同化して識別できなくなった。緑色と青色は空気中での計測値より短波長域の値を示した。輝度に関しては、白は特徴的で距離と水深での変化は少ない。一方、赤、緑、青については距離、水深の増加と共に輝度の割合も減少し、その変化も場所と色で異なった。

海の濁りと生物
——はかなくて濃い、生命を支える空間——

　海の食物連鎖は、まず植物プランクトンを底辺に、動物プランクトン、それから小魚、中魚、大魚となっている。この底辺にいる植物プランクトンは植物であるから光合成を行うため太陽の光が必要だ。太陽の光は海ではどこまでとどくのか？　海が濁っていたり、ごみや不純物があったら、あまり深くまでは届かない。仮に海水がすべてきれいな蒸留水であったとしたらどこまで光が届くのか？　蒸留水に光が射しこむと、水だけが光を吸収することになる。差し込んだ光を100%とした場合、その光は水深120mで表面に差し込んだ光の量の1%になってしまう。当然、濁っていたなら120mまで届かないうちになくなってしまう。光は海水中に溶けている物質に反射して方向を変えたり、吸収されて光がなくなり届かなくなる。近年水質が改善された東京湾でも透明度という点からは5mにも満たない。

　海の平均水深は3,800m、海水は蒸留水のように透明であっても、植物プランクトンが光合成をしながら生きることができる水深は120m。現実、海は蒸留水ではない。プランクトンが生きることができる水深空間は、海の平均水深3,800mに比べると、紙の薄さくらいのはかない空間なのだ。宇宙船から地球を見たとき、空気は地球の表面にへばりついているように薄かったといわれていたが、生命を支えている空間は、はかないが濃い。

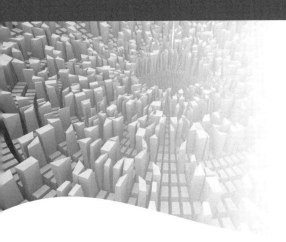

Chapter 8

第8章 沿岸域の紫外放射

8.1 海浜の紫外放射被爆[8.1.1)]

8.1.1 乳幼児の行動調査

乳幼児は紫外放射に対するリスクが大きいといわれる。その理由はメラニン色素が定着していないからである。子どもと紫外放射については成書がある[8.1.2), 8.1.3), 8.1.4)]。しかし乳幼児の海岸での紫外放射被曝に関する調査は極めて少ない。本節では海岸における乳幼児の行動と、親の紫外放射に対する意識を調査した。調査分析を行ったのは河合、鈴木、向山、谷田貝、本原、大澤氏らである[8.1.5) ～ 8.1.10)]。なお通常、紫外線という単語が多用されているが、国際照明委員会で定めた正式な学術用語は紫外放射なので本書では「紫外放射」を用いた。ただし参考図書や原文献に紫外線が用いられている場合は、原文に忠実に表現した。

本調査は千葉県千葉市美浜区の稲毛海岸いなげの浜で行った。海浜の乳幼児の様子を図8.1.1に示す。いなげの浜は全長1,200m、幅200mの人工海浜である。調査期間は2005年の晴天・曇天含め6日間、朝10時～16時までである。65件の乳幼児の行動調査を行い、海水浴客来・退場時間、日除けの使用率、滞在中の被曝時間などを調査した。乳幼児は推定0歳～5歳までとした。図8.1.2の縦軸には来場者番号、横軸に来場時刻、退場時刻を示す。図8.1.3より11時から海水浴客の数が徐々に増えることが分かる。晴天時の紫外放射UVインデックスは1日の中で、11時～13時が最も高い時間帯である。14時前後退場する人が多いため、UVインデックスが一番高い時間帯に滞在者が多い。気温・水温が上がる正午を中心に海水浴客が多く、紫外放射対策は従となっている。

図 8.1.1　海浜で遊ぶ乳幼児

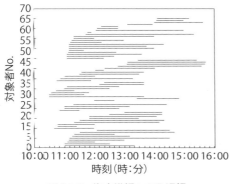

図 8.1.2　海水浴場への入退場

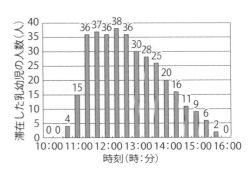

図 8.1.3　来場数と時刻

　図 8.1.4 よりほとんどの乳幼児はノースリーブや水着などの肌の露出が多い服装をしており、晴天時に長袖・長ズボンを着ている乳幼児は 6 ％であった。しかし、肩にタオルをはおっていたり、半袖を着たまま海に入る乳幼児もたくさん見受けられた。このことから、わざわざ上着を着衣・脱衣するのではなく、海で遊ぶことに重点を置き、動きやすさや濡れることを前提に着衣している。また図 8.1.5 より晴天時における乳幼児の帽子の着用は 55 ％に対し、曇天時では 45 ％であった。すなわち、曇天時においては、太陽直達が当たらないために、熱中症や紫外放射への配慮をしていない。

　UV カット化粧品（サンスクリーン剤）の使用は、図 8.1.6 の晴天時では 48 ％の親子が未使用、曇天時では 87 ％の親子が未使用であった。曇天時は晴天時よりも紫外放射は弱かったが、1 時間以上浴びると、バーンタイムを超えてしまい、紅斑作用が始まってしまうので危険である。また、親だけ、あるいは乳幼児だけ塗布している親子も見受けられる。

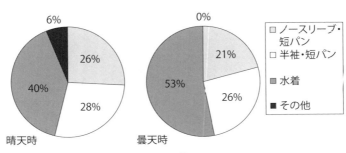

図 8.1.4　乳幼児の服装

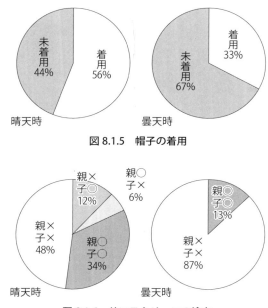

図 8.1.5　帽子の着用

図 8.1.6　サンスクリーンの塗布

　服装・UV カット化粧品・帽子について、集計した結果によると、水着着用、帽子未着用かつ UV カット化粧品不使用の乳幼児は 16 件であった。一方、半袖、帽子着用かつ UV カット化粧品使用の乳幼児は 5 件であり、肌に接する紫外放射対策をしていない乳幼児は、対策をしている乳幼児の約 3 倍いる。

　図 8.1.7 は海岸滞在中に使用された日除けの割合である。稲毛海岸には、既設の日除けが存在し、それを利用する人は全体の 69 ％である。しかし、収容量に限界があるため日除けの外でパラソルやテントを使用する人もいた。既設日除けを利用できなかった海水浴客の中には、貸し出しテントを利用している人も見受けられる。図 8.1.8 は海岸での滞在時間と紫外放射の曝露時間の関係を示す。滞在時間は最短 10 分、最長 3 時間 40 分、平均 1 時間半である。晴天時においては 3 時間以内の滞在者が多かった。長時間の滞在者ほど曝露時間が長いことが分かる。幼児と共に行動した人物別の曝露時間を算出する。各件数は、父 46 件、母 63 件、兄弟 26 件、祖父母 14 件であった。平均曝露時間を算出した結果、父 50 分、母 41 分、兄弟 49 分、祖父母 24 分となり、特に父親・兄弟と共に行動した場合に曝露時間が長かった。

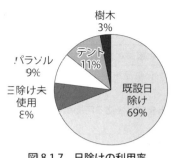
図 8.1.7 日除けの利用率

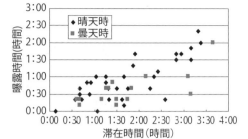
図 8.1.8 曝露時間と滞在時間

8.1.2 紫外放射対策に関するアンケートと提案

アンケート項目は、親子の年齢、来場時間、日焼け欲求、紫外放射対策の有無、紫外放射対策内容、日常の紫外放射対策との違い、紫外放射対策をしない理由、紫外放射に対する認識と紫外放射対策に対する希望、などである。乳幼児についての項目は親に回答してもらった。回答者は 104 人である。

表 8.1.1 は紫外放射対策の選択結果である。紫外放射対策は、親子ともに UV カット化粧品、日陰、帽子、ビーチパラソルの順であった。その他の項目であるタオル、時間帯は少ない。

表 8.1.1 紫外放射対策の選択

子		親	
UV カット化粧品（家、海）	83 人	UV カット化粧品（家、海）	83 人
帽子	54 人	帽子	57 人
タオルをはおる	14 人	タオルをはおる	19 人
長袖・長ズボン	6 人	長袖・長ズボン	11 人
手袋	0 人	手袋	0 人
日陰を探す	56 人	日陰を探す	61 人
ビーチパラソルなど日除けを利用する	34 人	ビーチパラソルなど日除けを利用する	34 人
時間帯を考える	16 人	時間帯を考える	16 人
		日傘	13 人
		サングラス	11 人

表 8.1.2 は紫外放射対策をしない理由の選択結果である。紫外放射対策をしない理由は、乳幼児は帽子は蒸れる、長袖長ズボンは暑い、小麦色が好き、化粧品は面倒など、親は、化粧品は面倒、長袖長ズボンは暑い、の順であった。

表 8.1.2　紫外放射対策をしない理由

子	親
UV カット化粧品が肌に合わない　1人	UV カット化粧品が肌に合わない　1人
UV カット化粧品を塗るのが面倒くさい　5人	UV カット化粧品を塗るのが面倒くさい　9人
UV カット化粧品を塗る時間がない　2人	UV カット化粧品を塗る時間がない　4人
帽子は蒸れる　8人	帽子は蒸れる　3人
長袖・長ズボンは暑い　8人	長袖・長ズボンは暑い　8人
長袖・長ズボンで水に入ると濡れて気持ちが悪い　0人	長袖・長ズボンで水に入ると濡れて気持ちが悪い　1人
小麦色の肌が好き　6人	小麦色の肌が好き　5人
長袖水着は嫌だ　2人	長袖水着は嫌だ　2人
その他　3人	その他　2人
	長袖水着を知らない（売ってない）　5人
	海浜の日除け（海の家やビーチパラソルなど）が少なくて利用できない　2人
	日焼け対策にお金をかけたくない　3人
	紫外線がすごく体に悪いとは思わない　1人

　日常と海浜での紫外放射対策との違いについては自由記述であり回答を以下に記す。

　①UV カット化粧品に関するものは、必ず塗る、SPF の値が高いものを使う、こまめに塗り直す量を多めにする、が多かった。化粧品はウォータープルーフのものに代えるのは少数であった。親は家で塗り海に来てからも塗るが、乳幼児は海に来てから塗るだけという回答があり、親自身の紫外放射対策のほうが厳格に行われている。

　②UV カット化粧品以外の紫外放射対策は、海では普段は帽子をかぶる、長袖を羽織る、長時間泳がず小まめに休む、日差しの強い時間帯や場所は控える、ベビーカーに屋根をつける、などがある。

　③紫外放射は昔に比べるとかなり危険になっていると認識している者が多く、そのため皮膚の弱い乳幼児には特に気をつけたいと考えている。

乳幼児の紫外放射対策の提案

　研究結果から次のような紫外放射対策が提案できる。

　①海水浴へ行く時間は 13 時過ぎの紫外放射が弱くなってからが良い。午前中の紫外放射が強くなる前の時間帯も良いが、午後のほうが、水温が高くなり冷たさを感じない。滞在時間は短いほどよい。

　②着衣は長袖長ズボンが望ましいが暑苦しいのでタオルを露出部分に羽織る。帽子は必須で

あり通気性のよいものを選ぶ。
　③化粧をするのは面倒であるが、家を出る前に行う。汗で化粧が流れたらこまめに塗る。子どもが嫌がるときは、遊びとして行う。豪州では化粧コンテストをして遊びの一部としている。
　④親は自身の紫外放射対策をすると同時に、同じ程度、乳幼児へも行う。以前、ある海岸で乳児を乳母車やバギーに乗せて砂浜上に放置し、海水浴をしている親がいたが、乳児の期間は過度な紫外放射を浴びさせるのは避けるべきである。
　⑤既設日除けを利用するのが最も望ましいが、少ないのでビーチパラソルやテントを持参する。ビーチパラソルは開口部が多く、天空の紫外放射が入射しやすいので、ネット付テントが望ましい。太陽の移動に応じてテントも動かす。

8.2　海浜砂の紫外反射率 [8.2.1)]

8.2.1　紫外反射率の測定法

　近年、オゾン層破壊による紫外放射の増加が問題になっている。紫外放射は、人間の眼には結膜炎や角膜炎、皮膚には皮膚炎、しみ、しわによる皮膚の老化、さらには癌などの発生原因となる。このように紫外放射は建築環境工学における光環境の分野で、安全性を確保するうえで重要な課題となりつつある。一方、沿岸域の開発や生活環境、ライフスタイルの変化に伴い海洋空間が注目され、海浜で活動する機会が増加している。しかし海浜では太陽紫外放射を散乱、吸収するエアロゾルが少なく、大気の透過率がよいため紫外放射量は多い。また陸域と異なり、太陽からの放射による紫外放射のほかに、図8.2.1のように海面、砂面で反射する紫外放射が加わるため紫外放射量は非常に多く、海浜での長時間の活動はかなり危険であると考えられる。

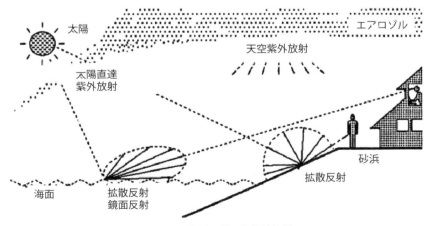

図8.2.1　海浜の様々な紫外放射

　海浜の快適性を促進し、安全性を確保するために、紫外放射や海面、砂面での紫外反射につ

いて明らかにする必要がある。人工海浜をつくる際、紫外反射が少ない砂を使用すれば、海浜の紫外放射量を少なくすることが可能となる。本節では特に紫外放射の砂による反射に着目し、砂の紫外反射率、明度の測定、および砂の組成分析を行った。さらに紫外反射率と砂の種類、組成、明度の相関を求め、砂の紫外反射率が高くなる要因について説明する。

これまで海浜の光環境に関して、海岸環境の明るさと砂の関係について研究されているが[8.2.2]、紫外放射と砂の反射の研究は少ない。資生堂の福田實らにより海浜での紫外放射ならびに地物反射について[8.2.3]、K.Buttnerら[8.2.4]や、M.Blumthaler、W Ambach[8.2.5]によって、紫外放射の砂を含む地物反射について測定されているが、砂の性質と紫外放射の反射との関係を明らかにするには至っていない。

反射率の測定法は、図8.2.2のように①現場で行うアルベド法、放射輝度・放射照度法、②実験室で行う分光光度計法、③間接法として紫外写真法、リモートセンシング法がある。アルベド法は紫外放射照度センサーを下に向けて紫外反射照度を測定し、次に上に向けて全天紫外放射照度を測定し、二者の比を紫外反射率とする[8.2.6]。日射のアルベドを測定する方法で広く採用されている。硫酸バリウムなど既知の反射率を持つ基準板と比較して反射率を得る。この方法は紫外放射照度センサーが1、2個あれば現場で紫外反射率を得られる長所がある。短所としては気象や試料の条件をコントロールできないこと、紫外放射センサーの分光感度により測定結果が異なるので、分光感度の異なるセンサーで取得した結果と比較できない。また太陽放射はオゾン層により紫外域で波長により極端に減少するので、UV-B域の下限280nmと上限315nmでは紫外反射率は大きく異なるがその状況は放射照度計では分からない。

放射輝度・放射照度法は拡散反射を前提とした建築材料の反射率を得るのに使われる[8.2.7]。しかし紫外放射の波長域、とくにUV-B域では放射照度が、太陽エネルギーの0.3％程度と低く、紫外放射輝度はセンサーの立体角によるがその100分の1程度となる。しかも紫外反射率が数％であるため、センサー出力が極めて小さいので、全天紫外放射照度が大きい時期に測定する。

分光計による紫外反射率測定は広く採用され、海砂の紫外反射率測定にも用いられる[8.2.8]、[8.2.9]。海浜で試料を採取し、数ミリ四方の試料台に置き、紫外域から赤外域までの分光反射率が得られる。図8.2.3に測定例を示す。紫外域のように殺菌作用、紅斑作用、光化学作用など波長によって生じる現象が異なるので、分光反射率が必要となる事例が多い。また温度、湿度など試料の条件を様々にコントロールできる長所を持つ。短所は装置が高価であること、現場測定に向かないこと、試料が小さいので海浜での広範囲の平均的な値が知りたいケースには向かないことである。UV-B帯域の280nm～315nmの紫外反射率の平均値を持ってUV-B反射率と称する。また波長ごとの分光反射率に紅斑作用曲線を乗じて、紅斑紫外放射に関するUVインデックス反射率を算出することができる。

写真法は紫外放射域に感度のある感光紙と紫外域を透過するレンズを用いて、高所から海浜を撮影し、現像した写真表面の輝度から、紫外反射率を算出する方法である[8.2.10]、[8.2.11]。撮影現場に既知の紫外反射率を持つ基準板を配置し、それとの比較により反射率を求める。海浜の広

範な紫外反射率を求めるのに適している長所を持つが、短所は感光紙の分光感度がUV-A域までで、UV-B域の感度が低いこと、またヘリコプタなどで高度500m〜700m程度の高所から撮影すると、大気の散乱により全体が白濁し測定値が得られないことである。

　リモートセンシング法は紫外域か可視域のセンサーを持つ衛星から地上を撮影し、地上で測定したランドツルースデータを基準として算定する方法である[8.2.12)]。極めて広範囲のデータを一度に取得できるので、沿岸域の海浜の紫外反射率を求めるのに適切である。紫外域に感度を持つセンサーを搭載した衛星は特殊なので、可視域中の最も波長の短い紫域の衛星写真を用いる。地上であらかじめ海砂の紫外反射率を得ておき、衛星写真の輝度と比較して紫外反射率を推定する。図8.2.4のように海岸線に平行方向の紫外反射率分布を得られる。千葉県九十九里海岸の紫外反射率分布測定から紫外反射率は5%〜7%の間を上下することが分かった。

　各測定法による紫外反射率の測定結果を表8.2.1に示す[8.2.6)〜8.2.12)]。

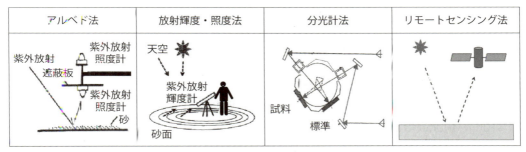

図8.2.2　紫外反射率の測定法

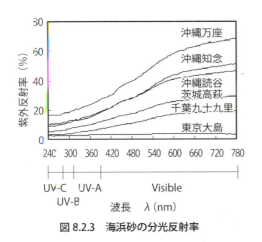

図8.2.3　海浜砂の分光反射率

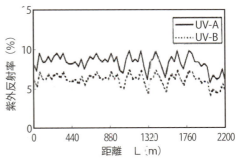

図8.2.4　リモートセンシング法による成東海岸紫外反射率分布

第8章 沿岸域の紫外放射

表 8.2.1 紫外反射率測定法と測定結果

測定法	地名	紫外反射率(%)	測定法	地名	紫外反射率(%)	測定法	地名	紫外反射率(%)
アルベド法	東京都伊豆大島	4.7	分光計法	東京都伊豆大島	2.6	分光計法（UVI）	千葉県部原	7
アルベド法	千葉県九十九里	9.6	分光計法	千葉県九十九里	3.9	分光計法（UVI）	千葉県検見川	7
アルベド法	千葉県幕張	7.5	分光計法	沖縄県読谷	11.3	分光計法（UVI）	千葉県大洗	6
アルベド法	神奈川県早川	5.9	分光計法	沖縄県万座	18.5	分光計法（UVI）	千葉県前原	9
アルベド法	沖縄県	16.5	分光計法	沖縄県知念	12.3	分光計法（UVI）	千葉県太東	7
アルベド法	茨城県高萩	13.5	分光計法	茨城県高萩	7.1	分光計法（UVI）	千葉県葛西	5
照度・輝度法	千葉県検見川	7.5	分光計法（UVI）	千葉県勝浦	8	分光計法（UVI）	神奈川県三浦	6
リモセン法	千葉県成東	5〜7	分光計法（UVI）	千葉県片貝	10	分光計法（UVI）	沖縄県	20

紫外反射率は最小 2.6 %〜最大 20 %となった。沖縄の海浜砂は紫外反射率が高く 11 %〜20 %である。これら各種の方法で紫外反射率が異なる。したがって照度計算を行う際、帯域の放射照度を計算するときはアルベド法、放射照度・輝度法・リモートセンシング法を、分光放射照度計算をするときは分光計で測定した数値を用いる。

8.2.2 アルベド法による紫外反射率測定

アルベド法による海浜砂の紫外反射率測定例をしめす[8.2.13]。測定する紫外反射の対象波長域は 310nm-400nm の UV-A と 220nm-390nm の UV-B とした。測定は 1991 年、1992 年、1994 年に行った。8 月の測定は太陽高度 35 度から開始し、太陽高度 5 毎に南中時まで 8 回行った。また 12 月と 1 月の測定は太陽高度 5 度から 5 度毎に南中時まで 6 回と、南中時から太陽高度 5 度までの 6 回行った。図 8.2.5 に砂の紫外反射率の測定方法を示す。紫外放射照度計の受照器を水平下向きに設置し、側方からの太陽直達と天空放射の影響を除くため、直径 300mm の太陽遮蔽板を取り付けた。また各砂は反射を起こさない黒の模造紙の上に 5mm 厚に敷きつめ、砂の紫外反射照度のみを測定した。図 8.2.6 に測定風景を示す。各砂の紫外反射照度を測定すると同時に、太陽直達と天空放射に含まれる全天紫外放射照度を測定し記録した。砂の紫外反射率は、紫外反射照度を全天紫外放射照度で割って求めた。6 回〜8 回の測定で得た結果を平均した。

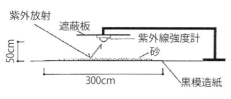

図 8.2.5 紫外反射率の測定方法

図 8.2.6 測定風景

図8.2.7に紫外反射率の測定に使用した砂の産出地を示す。測定に用いた砂の産地は、沖縄県、茨城県高萩、千葉県九十九里、千葉県幕張、神奈川県早川、東京都大島のポーラス（孔があいている：多孔質）している砂とポーラスしていない砂、オーストラリアのパースと、ボンダイビーチの砂を準備し、各砂の紫外反射率を測定した。さらに参考試料として紫外反射率が高いと考えられる明度の高い白色の研磨材についても同様に測定し、10種類について比較した。表8.2.2に使用した砂の種類、特徴、見た目の色を示す。

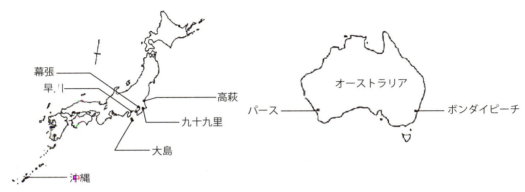

図 8.2.7　海浜砂の産地

表 8.2.2　海浜砂の種類と特徴

砂の種類	特　　徴	色
パース	珪砂、石英	白
沖縄	コーラルサンド（ポーラス）	グレー
高萩	花崗岩、御影石	グレー
九十九里	花崗岩、御影石、砂鉄	グレー
ボンダイビーチ		黄白
幕張		グレー
早川	安山岩質	黒
大島（ポーラス）	砂に孔があいており表面積大	黒
大島	塩基性の火山岩で玄武岩	黒

　砂の明度は試料接触型分光測色計により測定し、0～10の明度関数で表す。表8.2.3に砂の色、明度、紫外反射率、各砂の組成を示す。表8.2.3で砂の種類ごとに紫外反射率を比較すると、黒色系の大島、早川の砂は反射率がUV-Aで6％、UV-Bで5％前後である。グレー系の沖縄、九十九里、幕張の砂はUV-A、UV-B反射率は8％～15％程度である。また白色系のパースの砂はUV-Aで31％、UV-Bで25％となる。これらのことから砂の種類によって反射率に大きな差があり、白色系と黒色系の間では最大で5倍程度も異なることが分かった。

表 8.2.3　海浜砂の組成、明度、紫外反射率

項目＼種	パース	沖縄	高萩	九十九里	ボンダイビーチ	幕張	早川	大島ポーラス	大島
UV-A 反射率（%）	31	17.9	14.6	10.8	9.5	8	7.6	6.1	5.7
UV-B 反射率（%）	24.4	16.5	13.5	9.6	9.8	7.5	5.9	4.8	4.7
色	白	白	グレー	グレー	黄白	グレー	黒	黒	黒
明度	7.6	6.8	5.7	4.9		4.1	3.3	2.2	2.2
粒径（mm）	0.43	0.33	0.49	0.2		0.38	0.45	1.14	0.6
比重	2.64	2.79	2.7	2.6		2.72	2.88	2.85	3.1
磁性鉱（%）			2.1			14.3	44.5	0.3	22.3
黒雲母（%）			2.2						
角閃石（%）			9.4	0.3		2.8	6.5	1	0.3
シソ輝（%）	0.2	0.1	9.7	0.5		12.5	21.3	14.1	6.3
普通輝（%）			5.8	0.1		4.6	7.2	0.5	0.5
カンラン石（%）			1.4				2.9	0.5	
石英（%）	99	6.7	6.8	3.6		18.5	1.2		0.6
長石（%）		3.3	6.5	3.6		34.6	1.5	12.9	7.1
白色鉱物（%）	99	93.1	39.5	91.6		53.1	3.6	15.3	21.3

　紫外反射率と砂の白色鉱物含有率の関係を図 8.2.8 に示す。白色鉱物含有率が 90 % を超えると紫外反射率は急に高くなる。白色鉱物含有率が高い、すなわち白色系の砂は紫外反射率が高く、逆に白色鉱物含有率の低い黒色系の砂は紫外反射率が低い。

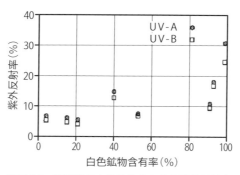

図 8.2.8　海浜砂の白色鉱物含有率と紫外反射率

8.3　海浜の紫外反射 [8.3.1)]

8.3.1　海浜の紫外反射計算

　海浜には図 8.3.1 のようのな休憩所が有り、家族連れや高齢者の散歩途中の休憩などに使われている。図 8.3.2 のように建築物は太陽や空からの紫外放射に加えて、海面・砂面からの紫外反射が加わる[8.3.2)]。海面・砂面の紫外反射率によって人間の鉛直面の皮膚の受ける紫外放射

がどの程度変化するかを検討する。

図 8.3.1 海浜休憩所と砂面反射

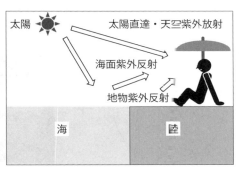
図 8.3.2 海浜の紫外反射

水平面直達紫外放射量 UV_{sunh} は、次の式になる。

$$UV_{sunh} = UV_{th} - UV_{skyh} \tag{8.3.1}$$

ここで、水平面全天紫外放射照度を UV_{th}、水平面天空紫外放射量を UV_{skyh} とする。
建築物内外の水平面紫外放射照度 UV_h は、

$$UV_h = UV_{sunh} + C_{skyh} \cdot k_{a1} \cdot UV_{skyh} + \tau_{roof} \cdot C_{roofh} \cdot (UV_{sunh} + UV_{skyh}) \tag{8.3.2}$$

である。ここで天空、屋根の水平面立体角投射率を C_{skyh}、C_{roofh}、天空輝度修正係数を k_{a1}、屋根の紫外透過率を τ_{roof} とする。右辺第 1 項は太陽直達成分、第 2 項は天空成分、第 3 項は屋根を透過する直達、天空成分である。紫外透過率は UV-B 領域の数値を用いる。
建築物内外の鉛直面紫外放射照度 UV_v は、

$$UV_v = UV_{sunh} \cdot \cos\alpha / \tan\theta + C_{skyv} \cdot k_{a2} \cdot UV_{skyh} + (\tau_{roof} \cdot C_{roofv} + \rho_{sea} \cdot C_{seav} \\ + \rho_{sand} \cdot C_{sandv1})(UV_{sunh} + UV_{skyh}) + \rho_{sand} \cdot C_{sandv2} \cdot UV_{skyh} \tag{8.3.3}$$

である。ここで太陽方位角と鉛直面方位角の差を α、太陽高度角を θ、天空、屋根、海面、日向の砂面、日陰の砂面鉛直面立体角投射率をそれぞれ C_{skyv}、C_{roofv}、C_{seav}、C_{sandv1}、C_{sandv2}、天空輝度修正係数を k_{a2}、海面の反射率を ρ_{sea} とする。右辺第 1 項は太陽直達成分、第 2 項は天空成分、第 3 項は屋根透過成分、海面反射成分、日向砂面反射成分、第 4 項は日陰砂面反射成分である。紫外反射率は UV-B 領域の数値を用いる。
式中の立体角投射率は計算によっても求められるが、ここでは現場で算定が容易にできる図 8.3.3（a）の天空率図[8.3.3)] による天空、海面、砂面の立体角投射率算定を行う。
全点数は 250 点である。図（b）は休憩所内から汀線方向を見た魚眼写真である。図（c）

のように魚眼写真に天空率図を重ね、天空、海面、砂面上の点をそれぞれ数えて記録する。本写真の場合、天空、海面、砂面上の点は88、19、79で、立体角投射率はそれぞれ0.36、0.08、0.32となる。

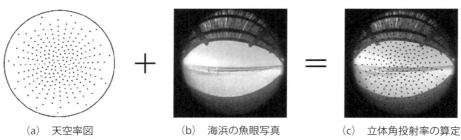

(a) 天空率図 　　　(b) 海浜の魚眼写真 　　　(c) 立体角投射率の算定

図 8.3.3　天空率図による立体角投射率の算定

8.3.2　建築物内の紫外反射

千葉県稲毛海岸の海浜休憩所を対象として紫外放射照度の実測と計算を行った。休憩所は幅20m、屋根奥行8.7m、高さ2.5m、全面開口である。太陽高度75度、全天紫外放射照度0.904 W/m²、天空放射照度0.526 W/m²、アルベド法により得た砂の紫外反射率0.035、屋根の紫外透過率0.0066、海面の反射率0.1である。表8.3.1は屋根端部から奥行き方向の各成分の紫外放射照度の計算結果である。水平紫外放射の場合、端部では天空成分が極めて大きく合計の99%を占めるが2.9倍入ると0.004と合計の半分近くになり屋根透過成分の割合が高くなる。海向は屋根端で天空成分が0.228で、奥に入っても減衰が緩やかである。

表 8.3.1　屋根端からの各成分の紫外放射照度計算結果

方向	屋根端距離	天空	屋根透過	海面反射	砂面反射	合計	方向	屋根端距離	天空	屋根透過	海面反射	砂面反射	合計
水平	0	0.288	0.003	0.000	0.000	0.291	海向	0	0.228	0.000	0.001	0.013	0.242
	1.7	0.023	0.006	0.000	0.000	0.029		1.7	0.100	0.001	0.001	0.009	0.111
	2.9	0.004	0.006	0.000	0.000	0.010		2.9	0.073	0.002	0.000	0.006	0.081
	4.1	0.004	0.006	0.000	0.000	0.010		4.1	0.045	0.002	0.001	0.004	0.052
	5.5	0.004	0.006	0.000	0.000	0.010		5.5	0.042	0.003	0.001	0.002	0.047
	6.9	0.011	0.006	0.000	0.000	0.016		6.9	0.027	0.003	0.000	0.003	0.033
	8.7	0.208	0.004	0.000	0.000	0.212		8.7	0.017	0.003	0.000	0.002	0.022

単位　距離 m　他 W/m²

図8.3.4は縦軸が全天紫外放射照度に対する検討点の水平紫外放射照度の比である。横軸は休憩所の奥行き方向の距離である。屋根の海向き端部を0としている。実線が計算結果、点が測定結果である。屋根端部では直達紫外放射と天空放射が入射する為、比が0.3に達し被曝量が大きい。屋根端部から奥に入ると紫外放射は急激に減少し、ほとんど0になる。これは直達紫外放射が遮断され、かつ天空紫外放射も9割以上遮断されるからで、紫外放射は無く

長時間滞在できる。屋根の陸側端に到ると再び天空紫外放射が増し、比は0.2になる。したがって水平面紫外放射に関しては屋根端部より、屋根高さと同程度奥に入れば防げることが分かった。計算結果と測定結果はよく一致しており、紫外放射照度を推定できている。

　図8.3.5は、縦軸は全天紫外放射照度に対する海向き鉛直面紫外放射照度の比である。屋根端部では比が0.3で水平面より大きく被曝する。屋根端部から奥に入るにしたがい緩やかに比は減少する。屋根端部より屋根高さと同程度奥に入ると比は0.1以下であり紫外放射は小さい。水平面紫外放射照度が屋根下に入ると紫外放射は大きく減少するのに比べ、海向き鉛直面で奥まで紫外放射が届くのは、天空紫外放射に加えて砂面からの紫外反射が存在するからである。海からの紫外反射は、今回の場合、距離が遠いのでほとんど無視できる。

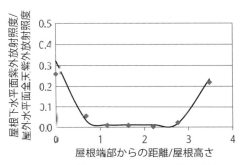 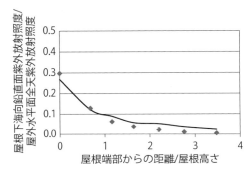

図8.3.4　建築物内の水平紫外放射照度比　　　図8.3.5　建築物内の海向鉛直紫外放射照度比

　図8.3.6は陸向き鉛直面紫外放射照度に対する比である。海側の屋根端部から陸側の屋根端部まで鉛直面紫外放射は小さい。今回、陸側に防砂林が隣接するためで、陸側に天空や白砂が広がる場合は紫外反射量が増えることが予測される。

　休憩所の中に入れば人体の水平部分の皮膚は被曝を免れるが、鉛直部分は屋根端部で屋外の3割近い被曝を受け、長時間居続けられない。紫外放射を防ぐには、屋根高さと同程度、屋根端部より中に入り込めばよい。次に計算式を用いて海浜の砂の紫外反射率が鉛直面紫外放射に及ぼす影響を検討する。ρ_{sand} をパラメータとした計算結果を図8.3.7に示す。縦軸は屋外の水平面全天紫外放射照度に対する比である。屋根端部下で沖縄の白砂の紫外反射率は0.2程度であるから比0.4である。福田実、中嶋啓介の研究によれば、日本人は通常夏季、太陽南中時、快晴、屋外で、20分程度で紅斑作用が発生するといわれている[8.3.4]。紅斑とは皮膚が赤くなることをいう。太陽直達を日除けなどで遮っても、白砂のように紫外反射率が高いと20÷0.4で、50分程度で鉛直面の皮膚に、屋外にいた時と同じように紅斑作用が生じる。このように紫外反射率が0.2もあると、鉛直面での被曝が大きく、屋根高さの2倍程度奥に入り被曝を防ぐ必要がある。とくに紫外反射は下から来るので、防ぐことはできない。紫外反射を防ぐには、皮膚に直接塗るUV化粧品を使用し、タオル、衣類で防ぐか、前面に紫外反射率の低い素材、例えば芝生などを植えるとよい。

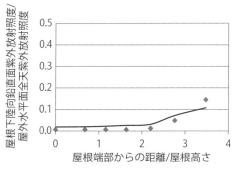
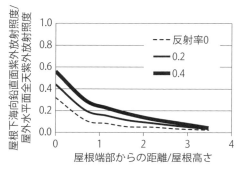

図 8.3.6　建築物内の陸向鉛直紫外放射照度比　　図 8.3.7　海向鉛直紫外放射照度比と砂面紫外反射率

8.4　紫外放射防御[8.4.1)]と日除け

8.4.1　日射と紫外放射

　夏季に、海浜に多くの人々が海水浴に来る。紫外放射が強い上、周囲に紫外放射を遮蔽するものが無いため、大量の紫外放射に被曝し、皮膚を損傷する。紫外放射防御の方法には個人的防御と集団的防御がある。個人的防御はサンスクリーン・帽子や、図 8.4.1 のような日傘など個人が行える防御方法で、遮光指導として皮膚科の医師によって患者に説明されている。また環境省紫外線環境保健マニュアルなどにも詳しく記載されている[8.4.2)]。一方、集団的防御とは多数の人が集合する商店街、イベント会場、公園、スポーツ、海浜などの防御で、日除けが最も効果的である[8.4.3)～8.4.6)]。しかしながら日除けの紫外放射防止効果は従来定量的に説明されてこなかった。紫外放射カット 99 % などの表示があるが、それは生地についての特性を述べているだけで、日除けのように開放部分が大きく、空からの紫外放射が入る場合紫外放射防御指標にはならない。ここでは日除けの紫外放射防御性能を表す建築的太陽紫外放射防御指標 ASPF（Architectural Sun Protection Factor）について述べる。

図 8.4.1　日傘による紫外放射防御
日傘は紫外放射防御にとても有効である

日射日除けと紫外放射日除けの違い

　日射に対する日除けと、紫外放射を防ぐための日除けは大きく異なる。その理由は太陽から

と天空からの放射の割合が図 8.4.2 のように異なるからである。日射は夏季太陽南中、晴天時に太陽直達が 9 割、天空は 1 割程度である。したがって太陽直達を防ぐように製作すれば、暑い日差しやまぶしさから身を守れる。紫外放射の場合、夏季太陽南中、晴天時に太陽直達が約 5 割、天空が約 5 割であり、太陽直達を遮断しても半分近くの紫外放射が空のあらゆる方向から降り注ぐので被曝する。しかも紫外放射は目に見えないので、その大きさや来る方向を知ることはできない。太陽直達のみを遮断しても屋外の倍の時間留まれるに過ぎない。日射は太陽直達を避ければ涼しいが、紫外放射は日除けの影に入っても被曝する。

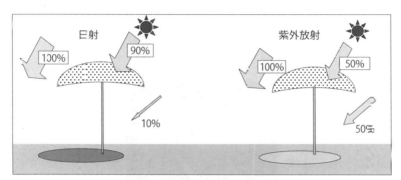

図 8.4.2　日射と紫外放射の違い

8.4.1　紫外放射日除けチャートと ASPF

紫外放射日除けチャート（UV Shade Chart、別名：紫外天空率図 UV Sky Chart）[8.4.7]、[8.4.8] とは空から来る紫外放射の強さを高度・方位別に図化したもので、強さは点の面積密度で表現されている。夏季、晴天、太陽南中時が最も紫外放射が強く人間にとって厳しい条件である。そのような最も厳しい条件下の日除けを設計しておけば、他の緩やかな条件では十分役立つ。図 8.4.3 は天空の魚眼写真である。円の中心が天頂、円周が地平線である。

図 8.4.4 はチャートである。紫外放射は見ることができないが、このようなチャートで天空のどの高度・方位から紫外放射が入ってくるかが分かる。日除けを使用することにより日焼けが、どの程度防げるかを表現する。夏季快晴太陽南中時の天空の紅斑紫外放射輝度の大きさを点描したもので、円中心は天頂、円周は地平線、0 は太陽方位で、SUN50 とは太陽及び近傍の点数を意味する。

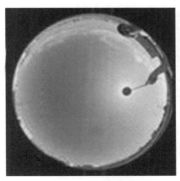
図 8.4.3　天空魚眼写真

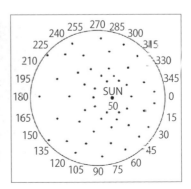
図 8.4.4　紫外放射日除けチャート

紫外放射をどの程度遮断できるかを意味する指数を次に示す[8.4.9]。

建築的太陽防御指数 ASPF（Architectural Sun Protection Factor）
＝（日除け下で皮膚に日焼けを起こすのに必要な最小の紫外放射量（時間））$t_{shade\ in}$
÷（日除けを使用しなかった皮膚に日焼けを起こすのに必要な最小の紫外放射量（時間））
$t_{shade\ out}$
＝チャート全点数 P_t ÷日除け下から見た空の部分の点数 P_s 　　　　　　　（8.4.1）

チャートに日除けの魚眼写真を図 8.4.5 のように重ねて、日除け外の天空部分の点 P_s を数える。建築的太陽防御指標 ASPF は $P_t ÷ P_s$ で得る。

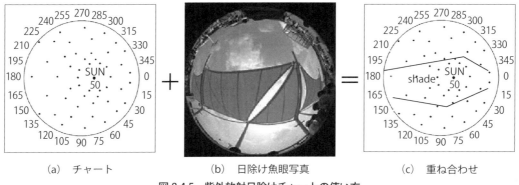

(a) チャート　　　　　(b) 日除け魚眼写真　　　　(c) 重ね合わせ
図 8.4.5　紫外放射日除けチャートの使い方

チャートの天空全体の点数を日除け下から見た天空の点で除すと、日除けが低減させた紫外放射を定量的に算定できる。例えば日除け下から見た天空部分の点数を 25、天空全体の点数を 100 とすると 25 ÷ 100 ＝ 0.25 で紫外放射は 2.5 割に下がったことになる。この逆数 4 が ASPF となり、日除け下にいると屋外で被曝したときに比較して皮膚の紅斑発生をおおよそ 4 倍遅らせることができることを意味する。図 8.4.6、図 8.4.7 は遊び場や海浜の日除けの ASPF で、空が見えるほど ASPF は低い。ASPF が 1 ～ 2 は bad、3 ～ 5 は good、6 ～ 9 は good protection、10 以上は excellent protection と評価できる[8.4.10]。

 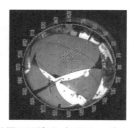

図 8.4.6　豪州ブリスベン市児童公園の日除け（ASPF ＝ 9）
天空部分は僅かで紫外放射は少ししか入らない

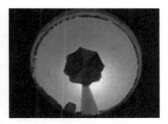

図 8.4.7　海浜の日除け（ASPF = 2）
天空の部分が広く、紫外放射が入射する

日焼けを防ぐために

　紫外放射による日焼けを防ぐ方法は、サンスクリーン、日傘、長袖長ズボン、サングラス、短時間外出、などのほか、①休憩は図 8.4.8 のような大きな樹木や日除けが多い公園を選び、日除け・樹木・建物などの日陰に入る、②日除けの下でも見上げて空の範囲が少ない場所を選ぶ、それには日除けや樹木の端部から 2m 以上奥に入る、③日除けは通常より一回り大きく側部がネットなどで通風を確保しながら側面からの紫外放射を防げるものを選ぶ、④地面からの反射はコンクリートや白砂の場合大きいので、そのような場所は避ける、なお茶・黒色の砂は紫外放射反射率が小さくそれほど気にしなくて良い。⑤ビルの谷間でも太陽直達が入る場所、また周囲の建物表面から太陽が反射する場所は避ける、⑥建物の日陰の多い道路南側を歩く、⑦海浜は既設日除けを利用するのが最も望ましいが、少ないのでビーチパラソルやテントなどの日除けを持参する、などを勧める。

図 8.4.8　日除けとしての樹木
大きな樹木は日除けとして役立つ

　図 8.4.9 は海浜公園内の帽子状の日除けである。三角形の布が紐で繋がれ多数組み合わせられている。微風が通り、木漏れ日もある。屋根の直径が大きく、中心部には十分な影ができる。海方向に少し傾いて風を流せるようにしてある。三角形の布は二種の色が有り、綺麗である。設置されて日が経ち一部の塗装が変色しているが、全体として大きな劣化は無い。

(a) 海浜公園の日除け　　　　　(b) 日除けの天井

図 8.4.9　海浜公園の中規模な日除け

日焼けや熱中症を防ぐ日除け
―エジプト時代の石碑にも描かれていたスグレモノ"日傘"―

コラム　海と建築物

　人間が強い日差しを避ける行為は、人類の発祥と同時に始まった。強い日差しにあたり続けると消耗し疲労が増すからである。木陰に入ったり、樹皮を組んで覆いを作ったり、岩陰に入って強い日差しを避けたと考えられる。エジプト時代の石碑にも日除けや、貴人の頭上に日傘が描かれている。現代でも日傘はご婦人たちに愛用されている。男性も夏季日傘をさす人が見受けられるようになってきた。日傘は日射避けにも、紫外線避けにも極めて有効な道具である。安価だし、携帯に便利だし、カラフルで綺麗でもある。

　しかしこれらの日除けと、人体の熱との関係や皮膚の日焼けとの関係が、実は未だよく分かっていない。日除けや日傘は大昔から広く使われているにもかかわらず、あまりにも当たり前であるために深く追求されてこなかった。本書に記されている、建築的太陽防御指数 ASPF は日除けの紫外線防御性能を表現した新しい試みである。熱中症と日除けの効果についても今後の研究に待つことが多い。

　毎年夏季に多くの熱中症患者が発生する。発生を防ぐために、若い方々が積極的に研究に従事してくれたらと期待している。

第9章 沿岸域の災害と建築環境

9.1 沿岸域の災害と建築環境工学

9.1.1 災害と建築環境 [9.1.1)]

(1) 沿岸域と災害

　海岸は海特有の自然災害を受けることが多い。高潮、津波、大波浪、強風、海岸浸食、地盤液状化などである。高潮とは、台風時の低気圧により海面が上昇した上、海岸線に向かう風により海水が吹き上げられ海水面が異常に上昇する現象をいい、潮位が高い満潮時刻と重なると、堤防を越えて海水が陸地に侵入し大被害を生じる。東京湾、伊勢湾、大阪湾などで高潮のため、多数の人命や財産が失われた。津波は地震により海底地盤が急激に隆起または下降し、波が発生し、高速で伝搬して、海岸線に到達し、陸の居住地域に侵入して被害をもたらすもので、とくにリアス式海岸のようにV字形の場合、湾奥で波浪エネルギーが集中し、波高が高くなり堤防、建物などを破壊する。東日本大震災では三陸海岸のみならず東日本の太平洋岸は大津波により甚大な被害を受けた。海岸浸食は波浪、流れなどによって海浜の砂が流され、海岸の土地が失われる現象をいう。河川からの砂の供給が不足した為、この現象が生じる。海岸線から離れた陸地の安全と考えられた土地に建築物を建てたにもかかわらず、建築物の近くまで海水が迫り、台風時に危険な状態になることがある。地盤の液状化は砂のようにもともと間隙の大きい地盤が、地震により水と土が分離し、液状になる。液状化より地盤、建築物、埋設物、道路などが沈下したり露出し破壊される。

　内陸に比較して海岸付近は自然災害を受けることが多く、建築用地を選定する際、配慮がいる。以上の他、災害ほどではないが、建築物を設計する際、塩害、結露、飛沫、強風などに対する配慮が必要である。

　日本建築学会は東日本大震災合同調査報告書　建築編8　建築設備・建築環境を2015年に刊行した。第1章大震災と環境工学、第2章建築設備と被害、第3章都市設備の被害と復旧・

復興対策、第4章建物機能・環境への影響、第5章首都圏の建物機能への影響と節電、第6章地域環境への影響、第7章被災に伴う行動と心理、第8章節電対策とエネルギー消費量、から成り立っている。この大震災は、地震に加えて広範囲の放射能汚染という、従来未経験の事項があり、地震地域のみでなく広域に被害を与えた。また原子力発電所という大電力発生装置の停止によりその影響は日本全国に及んだ。

(2) 沿岸建築物の建築環境工学的な被害

①津波による建築物への浸水 [9.1.2)]

浸水（床上、床下）で海水、泥が建築物内に入り込み、建材や基礎内の水分により高湿度、菌が発生した。泥が乾燥し粉塵となり、鼻、のどに炎症を起こした。対策として建築物の洗浄と基礎の泥を排除し、建材の乾燥を行った。ベタ基礎か布基礎により洗浄の効果に差異が出た。海水に浸かった建築物の塩抜きを洗浄により行ったが、真水による浸水より乾きにくく、乾燥に時間がかかった。

②地震による建築物の破壊、液状化

地震によって建築物が破壊され、人間にとって風雨に対するシェルターの役割を果たせなくなった。構造的に破壊されていない場合でも、電気、ガス、水道などのインフラが止まり生活することが困難になった。

③津波、地震によるインフラの破壊（電気、ガス、水道）

炊事、洗濯、トイレ、暖房ができなくなり生活条件が失われた。暖房装置の稼動が不可能になり、室温が低下し、衣類により体温を保った。石油ストーブが役立っている。

④原子力発電所の破壊による放射能汚染拡散（気中、海中）

福島原子力発電所原子炉の崩壊により、大量の放射性物質が空気中や水中に放出され、被曝により健康を損なう恐れがある。当該放射能の半減期は極めて長いため、居住することが困難になった。建築物内外が放射性物質により汚染されたため除染が必要である。

(3) 建築環境と時系列

建築環境工学は建築物が力学的安全性に確保されていることが前提である。したがって今回の地震、津波のように建築物そのものが破壊されてしまう状況では建築環境工学の貢献できる範囲は限定される。建築環境工学から見て緊急の課題は、表9.1.1のように4月から塵埃による空気汚染、6月～8月は電力不足による冷房などの節電対策、10月からは冬季暖房の確保と、時系列に変化してきた。

表 9.1.1 建築環境工学上の課題

9.1.2 土壌、施設、海岸林
(1) 土壌塩分と粉塵

　津波の浸水地域は、海水が引いた後、土壌に塩分が残る。土壌に残留した塩分は、農業のみならず、建築物の腐食・劣化を促進する。鉄骨やコンクリート内の鉄筋、手すり、などの腐食が進むであろう。冠水地域は未だ広く残存しており、地盤沈下により今後も排水が困難と思われる。高塩分土壌上での労働・生活空間への影響も未知の部分である。東北の水田の海水による塩類集積は2万ha（宮城県全体の60％、福島県10％、岩手県5％）におよび、真水で集積した塩類の土壌洗浄が必要である[9.1.3)]。

　通常、塩分を含む空気は海岸から指数的に減衰し500m以上離れれば影響は極く小さくなるといわれているが、津波のように海水が押し寄せた場合は、家屋や土壌に浸透した塩分を取り除くのは難しい。塩分は家屋内の電気設備に侵入すると絶縁不良を起こし、再生は困難である。

　災害地域を歩くと粉塵に悩まされマスクを必要とする。外気がヘドロ、放射能で汚染されている。大気中30μm程度の大量の粉塵、ヒノキ花粉、真菌の胞子があり、また土壌にも粉塵があり、咳症状が見られる。対策としてN95マスク、25,000枚配布した結果、咳患者激減したとの報告がある[9.1.4)]。今後地域に居住するためには暫くの間、粉塵対策が必要であろう。フィルター付換気扇も有効である。街路、住宅地、商業地、工業地域などで大規模な表土の洗浄と集積廃棄が要る。住宅、乳幼児施設、病院、高齢者施設に空気清浄装置、フィルター付換気装置を設置し、呼吸器、皮膚などの健康維持をはかる必要があり、また洗濯物に付着する粉塵も多く、室内干しになろう。臭いが残存している地域もある。喘息、アレルギーへの影響も

無視できない。大気や土壌に塩分や汚染物質が含まれ、それらが風や復興作業、輸送作業のため舞い上がり空気中に広がって、人々が吸い込む怖れがある。未だマスクが必要な地域もある。建築物解体、瓦礫処理によるアスベスト（石綿）の飛散も懸念されている[9.1.5)]。図9.1.1 は被災地の土壌と瓦礫である。

図 9.1.1　被災地の瓦礫と土壌（2011年6月）

　環境省は5月から被災地で大気環境モニタリング調査を実施している。調査地点は、津波被害にあった工業地帯で有害物質が流失した可能性のある地域、ヘドロが打ち上げられた地域、ダイオキシンが発生する怖れのある地域である。

　福島県相馬市はヘドロ対策を公表しておりヘドロにより①感染症（細菌、真菌（カビ）、ウイルス、蚊、ハエ）、肺炎、腸炎、②化学物質、③ヘドロ粉塵飛散による呼吸器系障害、④市民生活領域でのヘドロ腐敗による衛生状態悪化、の怖れがあるとしている。家庭・居住区域における対策として、うがい、手洗い、防塵使捨マスク、散水、ふき取り、フィルター付き空気清浄器利用をあげている[9.1.6)]。

（2）海浜公園、海浜緑地の被災、復旧

　海浜公園及び海浜緑地は震災の被害を受けるだけでなく、その後の復旧に長い時間を要している。その理由は、①浸水、液状化、施設破損、②車・船・ガレキ等の仮置場、③緊急復興施設で無く後回し、などである。一事例として

ⅰ．千葉　稲毛海浜公園　液状化
ⅱ．千葉　幕張海浜公園　液状化
ⅲ．千葉　ふなばし三番瀬海浜公園　液状化
ⅳ．千葉　蓮沼海浜公園　津波、瓦礫仮置場　開園
ⅴ．茨城　ひたち海浜公園　液状化　4月19日全面開園
ⅵ．宮城　多賀城緑地　浸水　瓦礫仮置場
ⅶ．宮城　岩沼海浜緑地　瓦礫仮置場
ⅷ．宮城　矢本海浜緑地　瓦礫仮置場

など液状化や瓦礫仮置場などにより復旧が著しく遅れた

図 9.1.2 は 2011 年 5 月に撮影したものである。

(a) 海岸通路の土砂

(b) 液状化の土砂

(c) 売店前の段差

(d) 公園通側溝の破損

(e) 通路のマンホール

(f) 通路の液状化

図 9.1.2　稲毛海浜公園の被災

図 9.1.3 は千葉県蓮沼海浜公園で 2011 年 4 月に撮影した写真である。

(a) 道路脇仮瓦礫置き場

(b) 駐車場仮瓦礫置場

図 9.1.3　蓮沼海浜公園の瓦礫置場

(3) 海岸保養施設、海水浴場

　東北地方太平洋岸には海の資質を利用して健康を促進する施設にタラソテラピーがあったが、宮古市タラソテラピー施設を初め複数の施設が津波により冠水し営業を停止している。

　新聞報道によると岩手・宮城・福島 3 県の 2011 年夏の海水浴場再開に不可能といわれている。その理由は①海水浴場に瓦礫などが流れ込み危険である、②海水浴場の諸施設が破損して使えない、③海水浴場までのアクセスが寸断されている、④重油や汚染物質、放射性物質の

流出により汚染されている可能性がある、⑤津波の襲来で海底地形が変わり、しかも土砂が沈積し海水浴場として適切でなくなった、などである。これら項目の内、①、④、⑤は海水浴場の水中清掃と水質検査を行う必要があり、他の復旧作業で手が回らない状況にあったが、序々に営業を再開している。

(4) 海岸林

沿岸域を堅く守るのが堤防であり、柔らかに守るのが海岸林である。沿岸域に住む人々は海岸林に守られている。海岸林の役割は①飛砂発生の抑止、②防風機能、③潮風害軽減機能、④防潮機能であり、建築的には陸域の気象を和らげる働きをする。震災で被災した太平洋側6県の海岸林は総延長の3分の2が流失した。被災6県の海岸林の津波による浸水被害は合計約3,660ha。海岸林流出・水没・倒伏状況は被害率区分75％以上が約3割、25〜75％が約2割強で、1,718haの樹林を喪失した[9.1.7)]。海岸林が被災を軽減した地域と、全く役立たなかった地域があった。図9.1.4（a）は松原が消失し、一本だけ残った松である。(b)、(c) は残存した海岸林である。海岸林の消滅はその種類、規模と津波の強さによる違いであろう。海岸林は防風、防潮、防砂、景観形成、空気清浄など居住空間に対して大きな役割を果たしてきたし、今後もその存在価値を発揮するだろう。被災した海岸林の調査と再生は重要な課題である。

(a) 周囲が流失し残った海岸林　　(b) 高所のみ残った海岸林　　(c) 津波の波高が低く被害を免れた海岸林

図 9.1.4　津波と海岸林

　海岸林と都市空間の喪失により、海岸域と陸域の気象的区分が無くなった地域もある。宮城県名取市と同県仙台市は約15km離れている。名取市は海岸近く、仙台市中心部は陸域に入った場所にある。図9.1.5の横軸は震災前後の月日、縦軸は宮城県名取市と同県仙台市の平均気温の差を仙台市の平均気温で割って100倍した値である。震災前までは名取市と仙台市では気温の違いがあったが、震災以降の気温測定復帰後は気温の違いが見られなくなっている。これは海岸林や建物、道路、田畑、森などが失われ、風を遮り、温度変化をもたらすものがなくなったからと考えられる。

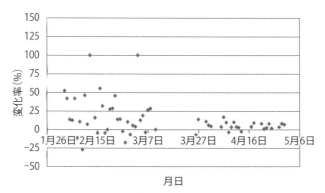

図 9.1.5　宮城県仙台市、名取市の気温変化

9.2　海浜の放射線量 [9.2.1)]

9.2.1　海浜の放射線

海浜は海水浴、散歩、スポーツなど年間を通じて沢山の人々に親しまれている。また海浜は海浜休憩所や海洋リゾート施設など海洋建築空間の場でもある。しかしながら 2011 年 3 月の福島第一原子力発電所からの放射性物質排出によって、空気中に放射性物質が浮遊して、大地に降下すると同時に、河川を通じて海に放射性物質が流れ込み、図 9.2.1 のように海浜もその影響を受けている。

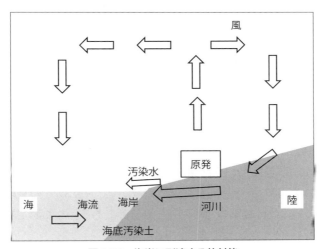

図 9.2.1　海岸に到達する放射能

海洋の放射性物質拡散については津旨大輔らによって研究が行われており、電力中央研究所報告に発表されている [9.2.2)]。また東京湾の放射性物質については、大塚文和らによって大気及び主要河川からの流入量が定量的に推定されており [9.2.3)]、文部科学省による現地調査も進行している [9.2.4)、9.2.5)]。これらはいずれも海浜から離れた海底土、海水中の放射性物質に関するもの

である。海浜については地方公共団体や研究者によって放射線測定が実施されている[9.2.6)～9.2.9)]。

　福島第一原子力発電所事故により放出され、拡散した放射性物質のほとんどは既に地表・地中や河床、あるいは海中・海底に移動していると考えられる。一方、河口域付近では、放射性物質の凝集等の複雑な現象の中でホットスポットの形成が確認されている。河口域や河口域付近の海浜等での放射性物質の詳細な実態が確認されておらず、早急な把握が必要と考えられる。その結果によっては海浜等での被ばくの可能性もあり、これらの場所での放射線影響についても検討する必要がある。

　文部科学省は平成元年に発電用軽水炉原子炉施設の安全審査における一般公衆の線量当量評価について告示・通達を行い[9.2.10)]、海洋関連の被ばく経路について海上作業、遊泳、海浜作業、漁網操作、海産物摂取について触れている。この内、海洋建築空間に関係するものは主に遊泳、海浜作業である。河口など放射性物質が排出する近傍は、放射性物質の沈着する地域が生じる。満潮時に放射性物質が沈着し、干潮時に海浜が露出して放射線源となると記されている[9.2.11)]。

　海浜を管理するためには、海浜の放射線量の実態を把握する必要がある。海浜の空間線量率分布を知るため、全方位に感度のある線量計を用いて、東京湾奥にあるふなばし三番瀬海浜において放射線を測定し、空間線量率分布を明らかにした。線量は国際放射線単位測定委員会ICRUによって、「周辺線量」、「方向性線量」、「個人線量」が定義されている[9.2.12)]。

　本測定で用いた線量計は、検出方式はシンチレーション式、測定線種はγ線、1cm線量当量率表示、サンプリング時間60秒である。点状線源（72664Bq）を用いた校正を行った。IAEA実効線量評価式を下式に示す[9.2.13)]。

$$E_{ext}/T_e = A \times CF_6 \times 0.5^{d/d_{0.5}} / x_s^2 \qquad (9.2.1)$$

　E_{ext}は点状線源からの実効線量（mSv）、Aは線源の放射能（kBq）、CF_6はセシウム137の換算計数（mSv/h）/（kBq）、T_eは被曝期間（h）、$d_{0.5}$は半価層（cm）、dは遮蔽厚（cm）、x_sは点状線源からの距離（m）を表す。PA-100を用いて点状線源からの距離30cm～70cmまで10cm間隔と90cmで、各箇所10回測定した。評価式値と測定値は図9.2.2に示すように一致している。線源から70cmを超すと、環境線量が0.097μSv/hのため一定となった。図中にTcs-172とあるのは比較校正のため用いた線量計である。なお測定場所の環境線量率は0.097μSv/hである。

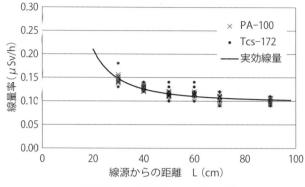

図 9.2.2　線源からの距離と線量率

　線量率測定の対象とした千葉県船橋市ふなばし三番瀬海浜を図 9.2.3、図 9.2.4 に示す。緯度 35 度 41 分、経度 139 度 46 分に位置する。ここで汀線の方位は N80W、S80E である。海浜長さは 1,130m、浜幅約 50m 〜 100m で、砂質区分は細砂、中央粒径 187μm である。防砂林は 4 群からなり、樹種はクロマツ、長さ合計 360m、幅 16m で、防砂林から汀線に向かって約 10m 幅を持つ雑草群がある。

図 9.2.3　千葉県船橋市ふなばし三番瀬海浜[9.2.14)]

図 9.2.4　三番瀬海浜の防砂林・雑草・砂浜・汀線の写真

　測定年月は 2012 年 5 月である。測定高さは地表 5cm、各箇所で 4 回測定し、平均値を測定値とした。位置は GPS で測定した。図 9.2.5 は三番瀬海浜中央の航空写真、図 9.2.6 は三番瀬海浜中央の線量率で、防砂林内部で 0.087μSv/h 〜 0.130μSv/h、海浜中央で 0.076μSv/h 〜 0.097μSv/h、汀線付近で 0.033μSv/h 〜 0.036μSv/h となり、防砂林内部は汀線付近の 3 倍程度となる。

図9.2.5 三番瀬海浜中央の航空写真[9.2.14]

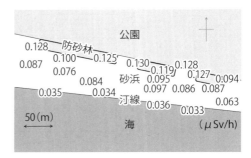
図9.2.6 三番瀬海浜中央の空間線量率分布

図9.2.7は防砂林内部、砂浜中央、砂浜汀線付近の、汀線に平行な線量率分布である。三番瀬海浜防砂林西端を基点としている。防砂林で最も高く、砂浜中央、汀線付近の砂浜と線量率は低くなる。防砂林内部が高く最大 $0.128\,\mu Sv/h$、平均 $0.11\,\mu Sv/h$、最小 $0.087\,\mu Sv/h$ の線量率が測定された。砂浜中央の平均値は $0.086\,\mu Sv/h$、砂浜汀線付近の平均値は $0.035\,\mu Sv/h$ である。防砂林内部は、砂浜汀線付近の3倍以上であった。汀線と海浜両端の砂の線量率は、沖合の海底から打ち上げられる放射性物質や海中に溶け込んでいる放射性物質、また海浜両端の突堤外側にある河口の川底にある放射性物質や河川から海に流入する河川水に含まれる放射性物質などにより定まる。

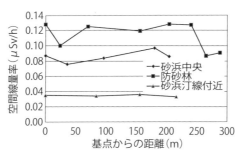
図9.2.7 三番瀬海浜西端からの距離と汀線方向の空間線量率分布

図9.2.8は防砂林内から汀線に向かう方向の線量率分布である。横軸の0m位置は防砂林に近い海浜で、線量率が高く、また10mまでは雑草が砂上に存在し、放射線源となっている。17mは砂のみで線量率が急激に減少し、汀線近い25mは雑草付近と比較して線量率は半減し、海浜上で最も低い線量率となる。2012年5月のふなばし三番瀬海浜公園管理者の砂上50cmにおける線量率は $0.032\,\mu Sv/h \sim 0.047\,\mu Sv/h$ であり、本測定値の範囲に入っている[9.2.15]。

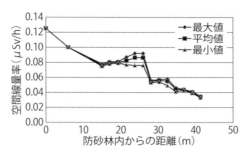

図 9.2.8　防砂林内から汀線に向かう方向の空間線量率分布

9.2.2　海浜の指向性線量率測定[9.2.16]

線量は国際放射線単位測定委員会 ICRU によって、「周辺線量」、「方向性線量」、「個人線量」が定義されている[9.2.17]。このうち方向性線量が入射方向に依存する量である。放射線被ばく防御のために遮蔽物を建設するならば、広い海浜のどの方向から放射線が入射しているかを知らなければならず、測定には指向性を持つ線量計を用いる必要がある。今回の測定では線量計を全方向と一方向の2種類の使い方をした。通常の線量計は周囲からセンサーに入射する放射線を測定する。したがって指向性は尖鋭的でなく、放射線を入射方向別に測定するには適切でない。そこで線量計を一方向に開口部を持つ放射線遮蔽箱に入れ、一方向のみの線量率を測定できるようにした。方向性を持つ線量計は三上らによっても開発され研究に利用されている[9.2.18]。開口部のある遮蔽箱に空間線量計を収納し、放射線の入射方向を限定した線量計を指向性線量計と称している。

図9.2.9、図9.2.10は厚み2cmの鉛でできた放射線遮蔽箱である。開口部は水平方向面にあり、中心に円窓が設けられている。

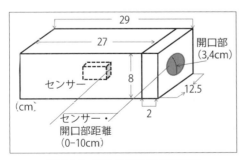

図 9.2.9　指向性線量計の遮蔽箱

図 9.2.10　指向性線量計遮蔽箱の外観

指向性測定は点放射線源 Cs137 から30cmのところにセンサーを置き、水平回転角度0度から90度、180度まで10度毎に行った。実験パラメータは開口円窓の直径と、開口円窓からセンサー迄の距離、遮蔽箱の方向である。各角度で5回測定し、平均値を測定値とした。図9.2.11は指向性測定結果で、開口円窓が大きいほど感度は高いが半値角が大きい。開口円窓からセンサーまでの距離が長いほど、感度は低くなるが、半値角は小さくなる。これらの測

定結果から、海浜の現場では、感度が高く、半値角が小さく指向性が確保できる開口円窓直径 4cm、開口円窓とセンサー間距離 0cm を採用する。

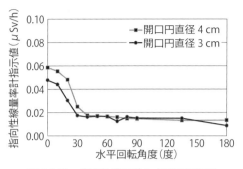

図 9.2.11　指向性線量計と水平回転角度

海浜上の方向別の線量率を 2012 年 12 月、汀線付近、海浜中央、防砂林付近砂浜で測定した。指向性線量計を砂上高さ 28cm に設置し、0 度を測定点から海側に向かう方向として、10 度毎に 180 度時計回りに水平回転させた。各地点、各角度で 10 回測定し、平均して実測値とした。図 9.2.12 は測定点である。

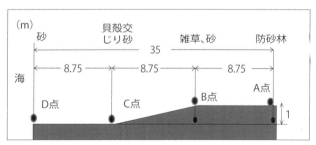

図 9.2.12　三番瀬海浜断面

図 9.2.13 に各地点での測定結果と、測定点における汀線に平行な方向の魚眼写真を示す。円グラフの 0 度は海側、180 度は陸側である。指向性線量計は魚眼写真内の矢印のように海側から陸側に回転した。横軸は指向性線量率の最も大きい防砂林の値を基準として相対量で表示し、相対指向性線量率とした。D 点は汀線付近で、0 度付近で相対指向性線量率 0.4 をしめし、途中凹凸はあるが陸に向かうにつれて指向性線量率は増え、0.55 と 1 割以上増加している。魚眼写真の上半分は空、下半分は砂浜で放射線はここから来ている。A 点は枯れた雑草上で、50 度～120 度まで 0.75 以上と大きく、170 度～180 度は防砂林の影響で 1 となり海浜で最大となる。防砂林、枯れた雑草の存在によって指向性線量率は高くなり、砂だけの場合低くなり、海に向かう側は極めて低いことが分かった。

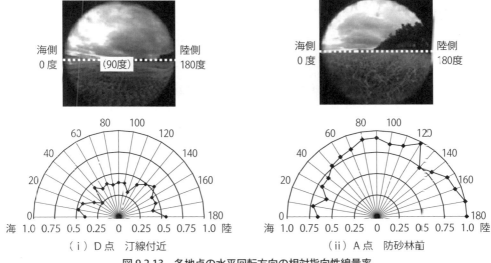

図 9.2.13 各地点の水平回転方向の相対指向性線量率

指向性線量計の開発によって、従来、放射線の入射する方向と大きさが分からなかったものが測定可能になった。したがって放射線被ばくを防ぐための行動や、遮蔽物の設計が容易になる。

竪穴式住居の素晴らしさ
—1人の中学生によって証明された叡智の詰まった建築物—

沿岸域の建築物を現代から古代まで遡って調査してきた。そして行き着いたのは、貝塚や竪穴式住居である。竪穴式住居を見ると気持ちが和らぐ。古代からの大きな流れの中に、自分がいると思うと安心した気持ちになれる。竪穴式住居には屋根を土で覆った形と、覆っていない形があるが、いずれも眺めていると、古代の人々の営みが目に浮かんでくる。日々の生活は厳しかったであろうが、親子や友人と笑いころげている姿、温められた食べ物を美味しい美味しいといって食べている家族の姿、など微笑ましい情景が想像できる。

竪穴式住居は歴史以前、縄文時代、弥生時代を経て、実に長い間、風雨、寒さから人々を守ってきた。また高温高湿で、降水量が多い日本の国土に最も適合した建築物といえる。現在は教育や観光資源としてその存在価値が認められている。しかし、一歩見方を換えて、研究的な側面から竪穴式住居を見てみると、その考古学的、建築計画学的な研究は明治以来続けられてきたが、温熱環境、空気環境、光環境といった建築環境工学的な研究は極めて少ない。その少ない中で最も秀逸な研究は、一人の中学生によって行われた。中学生は自宅の庭に身近な材料を用いて竪穴式住居を造り、夏季冬季を住んで、住み心地を記録したのである。竪穴式住居は、意外と住み心地が良いという結論であった。現代の住宅に比較すると稚拙に見えるが、叡智の詰まった建築物といえる。

参考文献

第 1 章

1.1.1) 日本建築学会海洋委員会「海洋建築計画指針」p.1，日本建築学会，1988 年 6 月

1.1.2) 日本沿岸域学会 2000 年アピール委員会「沿岸域の持続的な利用と環境保全のための提言」日本沿岸域学会，2000 年 12 月

1.1.3) 国土交通省「国土交通省海洋・沿岸域政策大綱」p.2，2006 年 6 月

1.1.4) 環境省ホームページ
https://www.env.go.jp/nature/biodic/kaiyo-hozen/guideline/05-4-2.html，2016 年 8 月 13 日

1.1.5) 佐久田昌昭，川西利昌，堀田健治，増田光一「海洋環境学」pp.31-70，共立出版，1999 年 1 月

1.1.6) 国立天文台編纂「理科年表 平成 21 年」p.607，丸善，2008 年

1.2.1) 日本建築学会編「建築環境工学用教材 環境編」p.84，日本建築学会，2011 年 3 月

1.2.2) 気象庁ホームページ
http://www.jma.go.jp/jma/kishou/know/chijyou/surf.html，2016 年 11 月 25 日

1.2.3) 国立天文台編「理科年表 平成 21 年」pp.176-177，pp.216-217，丸善，2008 年 11 月

1.2.4) 国立天文台編「理科年表」（気象部：暖房・冷房デグリーデー）CD-ROM2001，丸善，2001 年 11 月

1.2.5) 日本建築学会編「建築環境工学用教材 環境編」p.84，日本建築学会，2011 年 3 月

1.2.6) 気象庁ホームページ
http://www.data.jma.go.jp/obd/stats/etrn/view/atlas.htm，2017 年 1 月 29 日

1.2.7) 国立天文台編「理科年表 平成 21 年」p.326,327，丸善，2008 年 11 月

1.2.8) 渡辺要編「建築計画原論 3」p.98，丸善，1965 年 4 月

1.2.9) 吉野正敏「関東地方の気候区分」東北地理 19 巻 4 号 pp.165-170，1967 年

1.2.10) 松本真一，長谷川兼一「東日本大震災復興住宅の熱環境設計のための気候区分図の提案」日本建築学会大会学術講演梗概集 41253，日本建築学会，2012 年 9 月

1.2.11) 松本真一，長谷川兼一「東日本大震災 3 県における復興住宅の熱環境設計のための気候区分図の提案」日本建築学会東北支部研究報告集計画系 第 75 号 pp.209-212，2012 年 6 月

1.2.12) 浅井富雄，新田尚，松野太郎「基礎気象学」pp.79-83，朝倉書店，2000 年 7 月

1.2.13) 吉野正敏「小気候」2 版 pp.98-130，地人書館，1990 年 4 月

1.2.14) 吉野正敏「気候学」pp.218-227，地人書館，1988 年 2 月

1.2.15) 堤純一郎，片山忠久，石井昭夫，西田勝，北山広樹，高山和宏「夏季の海陸風を対象とする気象データの統計解析」日本建築学会計画系論文集 第 389 号 pp.28-36，1988 年 7 月

1.2.16) 片山忠久，石井昭夫，西田勝，林徹夫，堤純一郎，塩月義隆，北山広樹，高山和宏，大黒雅之「海岸都市における河川の暑熱緩和効果に関する研究」日本建築学会計画系論文集 第 418 号 pp.1-9，1990 年 12 月

1.2.17) 竹林英樹，森山正和「海風の影響を受けた都市ヒートアイランド現象」日本建築学会技術報告集 第 21 号，pp.199-202，2005 年 6 月

1.2.18）佐々木澄，持田灯，吉野博，渡辺浩文，吉田知弘「海風が卓越する夏季晴天日における規模の異なる３つの太平洋沿岸都市，東京，仙台，原町の中心部の大気部熱収支構造の比較」日本建築学会環境系論文集 第 595 号 pp.121-128，2005 年 9 月

1.2.19）十二信樹，渡辺浩文「海風の夏季都市気温緩和効果に関する研究」日本建築学会環境系論文集 第 73 巻 第 623 号 pp.93-99，2008 年 1 月

第 2 章

2.1.1）藤井厚二「日本の建築」岩波書店，1928 年 12 月

2.1.2）唐木順三編「和辻哲郎」（風土） 現代日本思想体系 28 p.146，筑摩書房，1963 年 7 月

2.1.3）宮川英二「風土と建築」彰国社，1979 年 6 月

2.1.4）若山滋「風土に生きる建築」p.10，SD 選書 179，鹿島出版会，1983 年 6 月

2.1.5）木村建一「建築環境学２」pp.1～46，丸善，1993 年 2 月

2.1.6）新井洋一「港からの発想」新潮出版，1996 年 6 月

2.2.1）John.R.Gillis "The Human Shore - Seacoasts in History -" University of Chicago Press 2012.10 （邦訳：沿岸と 20 万年の人類史，一灯社　2016 年 3 月）

2.2.2）石井靖丸，今野修平「沿岸域開発計画」技報堂出版，1979 年 4 月

2.2.3）横内憲久「ウォータフロント開発の手法」鹿島出版会，1988 年 5 月

2.2.4）横内憲久「ウォータフロント計画ノート」共立出版，1994 年 11 月

2.2.5）日本建築学会海洋委員会ウォータフロント計画小委員会「ウォーターフロント計画指針・同解説（案）」ウォータフロント計画を考えるシンポジウム資料，建築学会，1992 年 4 月

2.2.6）染谷昭夫「沿岸域計画の視点」鹿島出版会，1995 年 9 月

2.2.7）日本沿岸域学会 2000 年アピール委員会「沿岸域の持続的な利用と環境保全のための提言」日本沿岸域学会，2000 年 12 月

2.2.8）笹川平和財団海洋政策研究所編「沿岸域総合管理入門」東海大学出版部，2016 年 3 月

2.2.9）日本建築学会「海洋建築の計画・設計指針」日本建築学会，2015 年 2 月

2.3.1）田中俊六，武田仁，岩田利枝，土屋喬雄，寺尾道仁「最新建築環境工学」p.51，井上書院，2006 年 3 月

2.3.2）田中正敏「空気調和設備と人間の適応能」建築雑誌 第 104 巻，No.1283，pp.38-40，1989 年

2.3.3）空気調和・衛生工学会編「空気調和・衛生工学便覧」p.46，第 14 版 CD-RCM，2010 年

2.3.4）杉沢博「海浜の匂い―アメニティ機能と磯の香り」フレグランスジャーナル 第 89 巻 pp.25-31，1988

2.3.5）宇多高明，小俣篤，浅対亨「海岸環境の構成要素および海岸の利用形態に関する研究」土木研究所資料 第 2807 号，pp.25-30，1989 年 12 月

2.3.6）上月康則，細井由彦，村上仁士，浜口大輔「海の香りの形成機構に関する研究」土木学会海岸工学論文集 第 43 巻 pp.1241-1245，1996 年

2.3.7）樋口隆哉，浮田正夫，関根雅彦，今井剛「海辺環境における嗅覚的アメニティに関する研究」におい・かおり環境学会誌，第 36 巻 1 号，2005 年

参考文献

2.4.1) 灘岡和夫，徳見敏夫「海岸の音環境に関する基礎的研究」土木学会海岸工学講演会論文集，pp.757-761，1988 年

2.4.2) 灘岡和夫，玉嶋克彦「海岸環境要素としての波の音の特性について」土木学会海岸工学講演会論文集，pp.869-873，1989 年

2.4.3) 上野成三，灘岡和夫，浜田幸雄，大山能永「海岸における波の音の音響特性と快適性に関する研究」土木計画学研究・講演集 15 巻 pp.185-190，1992 年 11 月

2.4.4) 買手正造，灘岡和夫，浜田幸雄，上野成三，大山能永「海岸空間の快適性に関する研究―波の音に対する印象評価―」日本建築学会大会学術講演梗概集 4449 pp.897-898，1993 年 9 月

2.4.5) 灘岡和夫「海岸空間デザイン論の新展開―トータル空間デザイン論の構築を目指して―」港湾 pp.48-57，1994 年 1 月

2.4.6) 杉山洋明，寺島貴根「海岸近傍地域における波音の伝搬に関する研究―伝搬波音の測定と相関分析による伝搬距離の考察―」日本建築学会東海支部研究報告集 第 44 号，pp.381-384，2006 年 2 月

2.4.7) 亀山豊，田中直子「サウンドスケープの観点に基づく海辺の環境計画」港湾 pp.37-43，1994 年 8 月

2.4.8) 崔鍾仁，堀田健治，山崎 憲「超音波を含む波音の再生音が人間の生理・心理に及ぼす影響に関する研究―聴覚誘発電位の挙動・心理・性格検査を用いて その 1」日本建築学会計画系論文集 第 563 号 pp.327-333，2003 年 1 月

2.4.9) 灘岡和夫，徳見敏大「海岸の音環境に関する基礎的研究」第 35 回海岸工学講演会論文集，土木学会，pp.757-761，1988 年

2.4.10) 灘岡和夫，玉嶋克彦「海岸環境要素としての波の音の特性について」第 36 回海岸工学講演会論文集，土木学会，pp.869‐873，1989 年

2.4.11) 村上仁士，編井由彦，上月康則，小川慶樹「砕波による波の音に関する二, 三の一考察」第 39 回海岸工学講演会論文集，土木学会，pp.1081-1085，1992 年

2.4.12) 三宅晋司，田中豪一，斎藤和雄「不快音の脳波に及ぼす影響」日衛誌（Jpn.J.Hyg）第 39 巻，第 2 号 pp.523‐584，1984 年 6 月

2.4.13) 竹内文也，村瀬光則，栗城真也「聴覚性大脳誘発磁界と誘発電位の計測―先行刺激と選択的注意の影響―，医用電子と生体工学，pp.42-49，1990 年

2.4.14) 秋田剛，平手小太郎，安岡正人「聴覚誘発電位を手掛りとした聴取時及び作業時の大脳の聴覚情報処理に対する慣れの影響に関する研究」日本建築学会計画系論文集 第 522 号，1999 年 8 月

2.4.15) 谷崎みゆき，中原凱文「近赤外線分光法からみた音刺激に対する反応特性―音刺激に対する脳血液動態の変化―」日本生理人類学会議，第 45 回大会要旨集 pp.74-75，2001 年 5 月

2.4.16) 仁科エミ，大橋力，河合徳枝，不波本義孝，当魔昭子「ガムラン音高周波成分の生理的影響について（ハイパーソニック・エフェクトに関する研究その 1)」日本音響学会講演論文集，pp.395-396，1992 年 3 月

2.4.17) 細井裕司，今泉敏，渡壁徳大，他 6 名「超音波聴覚の検討」日本音響学会聴覚研究会資料 H-97-4，1997 年 1 月

2.4.18) 藤岡祥子，降旗健治，柳沢武二郎「骨導超音波に関する聴覚特性」電子情報通信学会技術研究報告 EA98-37，日本音響学会聴覚研究会資料 H-98-71，1998 年 8 月

2.4.19）横山和仁，荒記俊一「日本版 POMS 手引」pp17，21，22，金子書房，1994 年

2.4.20）町田信夫「低周波全身正弦波水平振動の人体影響の評価に関する研究（水平左右方向振動の生理学的・心理学的影響について）」日本建築学会計画系論文集第 462 号，pp.1-8，1994 年 8 月

2.4.21） 2.4.17）同

2.4.22）大橋力，本田学，前田督雄，河合徳枝，仁科エミ「スペシャル・セッション（新世代オーディオ技術 ―ハイパーソニック・エフェクトの二次元知覚モデル―」日本音響学会議演論文集 pp.461-462，2000 年 3 月

2.4.23）J.O.Pickles，谷口郁雄訳「聴覚生理学」pp.29-50，二瓶社，1995 年

2.4.24） 2.4.16）同

2.4.25）堀田建治，在鍾仁，杉本純一，上森弘恵「高周波音刺激が人間に与える影響に関する基礎的研究（その 2. 人工超音波―ピンクノイズを用いた生理解析）」日本建築学会大会学術講演会概要集，No.40424，2000 年 9 月

2.4.26） 2.4.14）同

2.4.27）仁科エミ，他 5 名「スペシャル・セッション（新世代オーディオ技術）―ハイパーソニック・エフェクトの一対比較法による検討」日本音響学会講演論文集 pp.457-458，2000 年 3 月

2.4.28）横山和仁，下光爆一，野村忍「診断・指導に活かす POMS 事例集」金子書房，2002 年 1 月

2.5.1）米田昌雄，矢崎基之，茅野秀則，堀田健治「海洋療法施設の計画に関する研究（その 1 塩水プール浮遊時の心理的・生理的影響に関する実験的研究）」日本建築学会計画系論文集 第 530 号 pp.257-262，2000 年 4 月

2.5.2）米田昌雄，矢崎基之，堀田健治「海洋療法施設における塩水プールでの浮遊感覚の心理的・生理的解析に関する研究」日本沿岸域学会研究討論会議演概要集 No.11，1993 年 7 月

2.5.3）野村正「海洋療法の現状と課題」フレグナンスジャーナル No.73 p.128，1985 年

2.5.4）武者利光「ゆらぎの発想」NHK 出版，1994 年

2.5.5）R.F. ボス「自然界のフラクタル」H.-O. パイトゲン，D. ザウペ編（山口昌哉監訳）フラクタルイメージ 理論とプログラミング p.35，シュプリンガー・フェラーク東京，1990 年

第 3 章

3.1.1）佐久田昌昭「海洋建築入門」ブルーバックス B-546，講談社，1983 年 9 月

3.1.2）加藤賢一，植村誠「いつかは海辺で暮らす」カンゼン社，2004 年 9 月

3.1.3）畔柳昭雄「海洋建築の構図」プロセスアーキテクチュア，1991 年 1 月

3.1.4）畔柳昭雄編著「海洋性レクリエーション施設」技報堂出版，1997 年 5 月

3.1.5）畔柳昭雄＋親水まちづくり研究会編「東京ベイサイドアーキテクチュア ガイドブック」共立出版，2002 年 6 月

3.1.6）畔柳昭雄，渡邉裕之「海の家スタディズ」鹿島出版会，2005 年 7 月

3.1.7）畔柳昭雄，他「舟小屋―風土とかたち―」NAX 社，2007 年 3 月

3.1.8）大即信明「塩害 I」p.111，技報堂出版，1988 年 9 月

3.1.9）日本冷凍空調工業会標準規格 JRA9002

3.1.10) 水産庁「漁村の現状と課題」第 1 回 漁村活性化のあり方検討委員会資料，2009 年 5 月

3.1.11) 楠本安雄「日照権」日経新書 181，1974 年 3 月

3.1.12) 市川健夫，青山高義，富田玲子，安藤邦廣，市居博，加藤信介「風と建築」INAX，2004 年 3 月

3.1.13) 海上保安庁海洋情報部ホームページ
http://www1.kaiho.mlit.go.jp/KAN11/soudan/sodan/qanda.htm，2016 年 12 月 12 日

3.1.14) 北本裕之，中根芳一「試作竪穴式住居の温熱性評価」日本建築学会大会学術講演梗概集 4433，pp.865-866，1987 年 10 月

3.1.15) 岡村道雄「縄文人からの伝言」p.29，集英社，2014 年 7 月

3.2.1) 日本建築学会「海洋建築の計画・設計指針」p.18，日本建築学会，2015 年 2 月

3.2.2) 後藤大三「人体応答よりみた振動限界」日本造船学会誌 第 583 号，pp.10-21，1978 年 1 月

3.2.3) 濱中冬行，出口清孝，後藤剛史，斉藤平蔵，山田水城「海洋構造物の居住性に関する研究その 1―アクアポリスにおけるアンケート調査結果―」日本建築学会大会学術講演梗概集 4049，pp.97-98，1976 年 10 月

3.2.4) 出口清孝，濱中冬行，後藤剛史，斉藤平蔵，山田水城「海洋構造物の居住性に関する研究その 2―アクアポリスにおける動揺実測について―」日本建築学会大会学術講演梗概集 4050，pp.99-100，1976 年 10 月

3.2.5) 野口憲一「平常時の歩行支障に関する実験的研究および動揺評価の提案　人間の行動性に基いた浮遊式海洋建築物の動揺評価に関する研究　その 1」日本建築学会計画系論文集 第 456 号，pp.273-282， 1994 年 2 月

3.2.6) 野口憲一「避難時の歩行支障に関する実験的研究および動揺評価の提案　人間の行動性に基いた浮遊式海洋建築物の動揺評価に関する研究　その 2」日本建築学会計画系論文集 第 479 号，pp.233-242， 1996 年 1 月

3.2.7) 　3.2.1) 　p.40

3.2.8) 　3.2.1) 　p.41

3.2.9) Koichiro WATANABE,Wataru KATO "SUBJECTIVE RESPONSE OF WHOLE BODY TO LOW FREQUENCY VERTICAL VIBRATION" Trans. of Architectural Institute of Japan, No.303, pp.155-165，1981.5

3.2.10) 斉藤康高，西條　修「浮遊式海洋建築物の鉛直動揺に関する居住性評価について」日本建築学会大会学術講演梗概集 10031，pp.369-370，2002 年 8 月

3.2.11) 山本守和，出原良平，登川幸生，川西利昌「不規則波中の心理的反応による動揺環境評価に関する研究」日本沿岸域学会論文集 第 13 号 pp.87-94，2001 年 3 月

3.2.12) 山本守和，飯田篤志，登川幸生，川西利昌「海洋建築物における歩行経路シミュレーションに関する基礎的研究」日本沿岸域学会論文集　第 13 号 pp.115-122，2001 年 3 月

第 4 章

4.1.1) 大即信明，他「塩害 I」p.3，技報堂出版，1986 年 5 月

4.1.2) ISO "Classification of Corrosivity of Atmosphere" ISO/TC 156 1983，4.1.1) 同 p.14

4.1.3) 4.1.1) 同 p.12

4.1.4) 堀田健治，平野正昭「沿岸域における海塩粒子の発生に関する研究」（第2報 消波構造物を設置した海岸と砂浜海岸における発生量の特性）日本建築学会構造系論文集 第455号 pp.207-213，1994年1月

4.1.5) 上喜善福，福留健一，大屋一弘「海岸沿線の構造物と飛来塩分量に関する研究」琉球大学農学部学術報告 第42号 pp.117-123，1995年

4.1.6) 樫野紀元「建物等への海塩影響調査」建築研究成果撰，あらか3，建築研究振興協会，1985年10月

4.1.7) 国土交通省「道路示方書」pp.186-188，国土交通省，2012年2月

4.1.8) 3.1.9) 同

4.2.1) 堀田健治「沿岸域における海塩粒子の発生に関する研究，第1報—砂浜海岸と消波ブロックを設置した人工海岸における発生量の違い—」日本建築学会構造系論文報告集，第441号 pp.101-106，1992年11月

4.2.2) 堀田健治「砂浜海岸における海塩粒子の発生に関する研究」日本建築学会構造系論文報告集 第444号，1993年2月

4.2.3) 堀田健治，平野正昭「沿岸域における海塩粒子の発生に関する研究」（第2報）消波構造物を設置した海岸と砂浜海岸における発生量の特性」日本建築学会構造系論文集 第455号，pp.207-213，1994年1月

4.2.4) 佐藤竜也，松本洋二郎「沿岸域の自然環境と快適性に関する実証的研究」日本大学理工学部学術講演会議演集，1989年11月

4.2.5) 永日邦治，大森邦幸，栗生沢治，金子直人「沿岸域における快適性確保に関する研究」日本大学卒業論文，1991年

4.2.6) 鳥羽良明「海面における気泡の破裂による海水滴の生成について3,風洞水槽による研究」日本海洋学会誌 第17巻 第4号，1961年

4.2.7) Klentzler etal "Photographic investigation of the projection of droplets by bubbles bursting at a water surface", Tellus, 6, 1954年

4.2.8) 鳥羽良明，田中正昭「塩害に関する基礎的研究（第1報）．海塩粒子の生成と陸上への輸送モデル」京大防災研究年報 第10号B，1967年

4.2.9) 朝倉修一，森山正和，松本 衛「臨海地域の大気中の塩分濃度に関する研究（その3）—海面上の鉛直分布に関する考察—」日本建築学会大会学術講演梗概集 pp.1315～1316，1989年10月

4.2.10) 4.2.8) 同

4.2.11) 浜砂博信「東長崎地区，及び大村地区における海塩粒子飛来傾向の調査報告」1989年10月

4.2.12) 大濱嘉彦，出村克宣，佐藤和弘「福島県内における塩化物イオンの分布調査」1989年10月

4.2.13) 富板 崇，樫野紀元，高根由充「海塩粒子捕集量におよぼす気象因子の影響」日本建築学会構造計論文報告集 pp.34-41，第384号，1988年2月

4.2.14) 紀本電子工業「ハイボリウムサンプラ」カタログ

4.3.1) 堀川清司，堀田新太郎，久保田進，針貝聰一「海岸における飛砂について」第28回海岸工学講演会論文集 pp.574-578，1981年

4.3.2) 村上和男，山田邦明，西守男雄「沿岸域の飛沫に関する現地調査―津田における現地調査結果とアンケート調査結果―」港湾技研資料 No.784，運輸省港湾技術研究所，1994 年 9 月

第 5 章

5.1.1) 空気調和・衛生工学会編「空気調和・衛生工学便覧」第 13 版，2001 年

5.1.2) 田中俊六，武田仁，足立哲夫，土屋喬雄「最新建築環境工学」p.256，井上書院，2006 年

5.1.3) 斉藤平蔵「防寒構造」理工図書 p.181，1957 年

5.2.1) 川西利昌，魚 再善，永田宣久，高塚革「沿岸域暴露による建築材料紫外帯域反射率・透過率の変化」日本沿岸域学会論文集 11 号 pp.117-124，1999 年 3 月

5.2.2) 石神 忍，他 3 名「外壁材料のよごれの評価に及ぼす材料の模様の影響」日本建築学会構造系論文集，第 495 号，pp.21-27，1997 年 5 月

5.2.3) 白鳥哲朗，他 3 名「外壁に生じたよごれの色の調査」日本建築学会関東支部研究報告集 pp.141-144，1997 年 3 月

5.2.4) 山田雅章，他 2 名「海岸付近に建つ構造物の劣化調査―複層仕上げ塗り材について―」日本建築学会大会学術講演概要集，pp.1077-1078，1992 年 8 月

5.2.5) 石神 忍「外壁のよごれの見え方に関する研究」日本大学大学院理工学研究科博士論文 pp.1-36，1998 年 1 月

5.2.6) JIS「プラスチック建築材料の屋外試験方法」JIS A 1410 p.1，1968 年

5.2.7) 日本照明委員会 "International Lighting Vocabulary" 09-59 p.68，1989 年 9 月

第 6 章

6.1.1) 日本建築学会「建築環境工学用教材，環境編」p.85，日本建築学会，2011 年 3 月を基に作成

6.1.2)　1.2.4）同

6.2.1) 田中俊六，武田仁，足立哲夫，土屋喬雄「最新建築環境工学」pp.94-99，井上書院，1990 年 8 月

6.2.2) 同上　pp.99-100

6.2.3) 宇田川光弘，近藤靖史，秋元孝之，長井達夫「建築環境工学 ―熱環境と空気環境―」pp.73-75 朝倉書店，2009 年 5 月

6.2.4) 近藤純正「地表面に近い大気の科学」p.138　東京大学出版会，2000 年 9 月

6.2.5) 灘岡和夫，内山雄介，山下哲弘「夏季砂浜海岸の熱収支構造と人体の快適性」水工学論文集　第 39 巻，1995 年 2 月

6.2.6) 灘岡和夫，内山雄介，山下哲弘「夏季砂浜海岸空間の微気象特性と人体温熱環境について」土木計画学研究　第 12 号，1995 年 8 月

6.2.7) 山下泰生，岡田真三，島宗誠一，米澤雅之，大野則彦，木下義隆「日照による熱変形と熱応力を考慮した洋上接合技術　―超大型浮体式構造物の洋上接合技術（第 2 報）―，溶接学会論文集　第 25 巻第 1 号 pp.114-121，2007 年

6.2.8) 河合正人，豊田昌信，喜田章裕，井上憲一「メガフロートユニットの構造と建造」溶接学会誌 第 69 巻 第 4 号，2000 年

第 7 章

7.1.1) 西和夫「海・建築・日本人」NHK ブックス 947, 日本放送出版協会, 2002 年 8 月

7.1.2) 樋口忠彦「景観の構造」技報堂出版, 1975 年 10 月

7.1.3) 中村良夫, 他「景観論」土木工学体系 13, 彰国社, 1977 年 4 月

7.1.4) 篠原 修「土木景観計画」技報堂出版, 1982 年 6 月

7.1.5) 篠原 修「土木デザイン」東京大学出版会, 2003 年 11 月

7.1.6) 土木学会編「水辺の景観設計」技報堂出版, 1988 年 12 月

7.1.7) 土木学会編「港の景観設計」技報堂出版, 1991 年 12 月

7.1.8) 国土交通省「海岸景観形成ガイドライン」, 2006 年 1 月

7.1.9) 佐々木葉「景観とデザイン」オーム社, 2015 年 3 月

7.1.10) 7.1.9) p.18

7.1.11) 磯部雅彦編著「海岸の環境創造―ウォータフロント学入門―」p.10 朝倉書店 1994 年 9 月

7.1.12) 7.1.11) p.15

7.1.13) 7.1.4) pp.90-91

7.1.14) 7.1.4) p.85

7.1.15) 7.1.9) p.30

7.1.16) 7.1.9) p.32

7.1.17) 中村良夫「風景学入門」p.48 中公新書 650, 中央公論社 1998 年 6 月

7.1.18) 7.1.17) p.52

7.2.1) 川西利昌, 榎本真規, 小倉篤久, 中西弘郎, 加藤 学, 和田直己, 矢口浩一, 藤江幸王「サングリッタの魅力に関する研究」日本沿岸域学会論文集 11 号 pp.95-102, 1999 年 3 月

7.2.2) 榎本真規, 川西利昌「沿岸・海洋建築物における光環境評価の研究」日本沿岸域学会第 2 回研究討論会, 1989 年 5 月

7.2.3) 川西利昌, 加藤学, 陳幸王「沿岸, 海洋域におけるサングリッタが暗順応時間に及ぼす影響」人間工学 第 30 巻 第 5 号, pp.299-303, 1994 年

7.2.4) 藤江幸王, 川西利昌「沿岸域における海面反射光の予測」平成 5 年度日本大学理工学部学術講演会論文集 pp.555-556, 1991 年

7.2.5) 照明学会編「ライテイングハンドブック」p.58, オーム社, 1987 年

7.2.6) 人間工学ハンドブック編集委員会編「人間工学ハンドブック」p.167, 金原出版, 1970 年

7.2.7) 矢口浩一, 川西利昌, 他「海面反射光の意識調査に関する基礎的研究」日本沿岸域学会講演会概要集 第 9 号 pp.36-37, 1995 年

7.2.8) 小倉篤久, 矢口浩一, 川西利昌, 佐藤文昭「サングリッタ階級の基礎的研究」日本沿岸域学会 第 9 回研究討論会, 1996 年 5 月

7.2.9) 日本リモートセンシング研究会編「リモートセンシング・ノート」p.110, 日本リモートセンシング研究会, 1973 年

7.2.10) 7.2.8) 同

7.2.11) 佐久田昌昭, 川西利昌, 堀田健治, 増田光一「海洋環境学」pp.31-70 共立出版, 1999 年 1 月

7.3.1) 堀田健治，松本洋二郎「海中における物体の色度に関する研究」日本建築学会構造系論文報告集 第452号 pp.159-164，1993年10月

7.3.2) 斎藤一雄「海の依拠空間としての海中景観の構成，海中公園情報」海中公園センター，1973年

7.3.3) 斎藤一雄「海の依拠空間としての海中景観の構成（2），海中公園情報」海中公園センター，1973年

7.3.4) J.D.Woods and J.N.Lythgoe "Underwater Science Color Recognition" Oxford University Press London, 1971

7.3.5) Paul Emerson and Helen Ross "The effect of brightness on colour recognition under water" Ergonomics, Vol.29, 1986

7.3.6) Kinney.J.A.S. "Human Underwater Vision" Physiology and Physics, Undersea Medical Societ Bethesda, MD, 1985

第8章

8.1.1) 川西利昌「稲毛海岸における乳幼児の紫外放射被曝と防御に関する報告」日本沿岸域学会誌 第20巻第4号 pp.75-81，2008年3月

8.1.2) 市橋正光「子どもと皮膚と太陽」ティーエイチシー，1996年4月

8.1.3) すぎはらみずえ「ぼうしがいっぱい 子どもの肌を紫外放射からまもるお話」DHC，1997年6月

8.1.4) 田上八朗「紫外線から子どもを守る本」双葉社，2001年5月

8.1.5) 河合美和，鈴木亜希子，川西利昌「海浜における幼児の紫外放射被曝行動 その1 親と幼児に対する日焼け意識調査」第45回日本大学理工学部学術講演会講演論文集 pp.706-709，2001年11月

8.1.6) 鈴木亜希子，河合美和，川西利昌「海浜における幼児の紫外放射被曝行動 その2 幼児の紫外放射被曝量調査」第45回日本大学理工学部学術講演会講演論文集 pp.710-711，2001年11月

8.1.7) 川西利昌，向山達哉，谷田貝利幸「稲毛海岸での乳幼児の紫外放射被曝行動に関する研究」第48回日本大学理工学部学術講演会講演論文集 pp.740-741，2004年11月

8.1.8) 川西利昌，大沢勇樹，本原奈帆「稲毛海岸における乳幼児の紫外放射被曝調査―その1 滞在時間・服装―」第49回日本大学理工学部学術講演会講演論文集 pp.756-757，2005年11月

8.1.9) 川西利昌，大沢勇樹，本原奈帆「稲毛海岸における乳幼児の紫外放射被曝調査―その2 紫外放射対策―」第49回日本大学理工学部学術講演会講演論文集 pp.758-759，2005年11月

8.1.10) 昆野雅也，川西利昌，斉藤弘海「海浜における幼児の紫外放射被曝に関する研究」日本建築学会学術講演梗概集 A-2，2003 pp. 447-448，2003年7月

8.2.1) 川西利昌，大塚文和「海浜砂の紫外反射率と鉛直紫外反射量」日本沿岸域学会研究討論会2016講演概要集 CD，2016年7月

8.2.2) 建設省土木研究所河川部海岸研究室編「海洋環境の構成要素および海岸利用形態に関する研究」土木研究所資料 第2807号，1989年

8.2.3) 福田寛「日焼けに影響する生物的要因について」粧技誌，第13巻2号，1979年

8.2.4) K.Buttner "Die Abkuhlungsgrobe in den Duen, Stralentherapie", Vol.54, pp.167-173. 1935

8.2.5) M.Blumthaler, W, Amback "Solar UVB Albedo of Various Surface" Photochemistry and Photobiology, Vol.48 No.1, pp.85～88, 1988

8.2.6) 川西利昌，渡邊直彦，門松弘展「海浜での紫外放射に関する基礎的研究　その1　砂の紫外反射」人間工学 第31巻3号 pp.191-196，1995年

8.2.7) 日本建築学会「昼光照明の計算法」p.88，日本建築学会　1993年9月

8.2.8) 魚再善，川西利昌「海浜砂の紫外分光反射率に関する研究」日本建築学会構造系論文集 第511号，pp.157-162，1998年

8.2.9) 末田優子，川西利昌「建築材料と海砂の紅斑作用紫外放射透過率・反射率及び紫外線防御指標UPFに関する研究」日本建築学会環境系論文集 第75巻650号，pp.397-403，2010年

8.2.10) 川西利昌，緒方健一，白土敦之「ヘリコプタによる紫外反射の測定」日本沿岸域学会研究討論会講演概要集 第9号，pp.50-51，1996年5月

8.2.11) 川西利昌，魚再善，緒方健一「紫外線カメラによる海浜砂の紫外反射率測定」日本建築学会構造系論文集 第516号，pp.167-172，1999年2月

8.2.12) 川西利昌，魚再善，高塚革「リモートセンシングによる海浜砂の紫外反射率計測」日本沿岸域学会論文集 第12号 pp.105-110，2000年

8.2.13)　8.2.6) 同

8.3.1) 川西利昌，大塚文和「海浜砂の紫外反射率と鉛直面紫外反射量」日本沿岸域学会研究討論会2016講演概要集 CD-ROM，2016年7月

8.3.2) 川西利昌，緒方一就「海浜における鉛直面紫外放射照度に関する研究」日本建築学会環境系論文集 第574号，pp.65-70，2003年12月

8.3.3) 建築のテキスト編集委員会「初めての建築環境」p.72，学芸出版，1999年2月

8.3.4) 福田実，中嶋啓介「サンスクリーン」日本香粧品科学会誌　第5巻2号 pp.73-82，1981年

8.4.1) 川西利昌「日よけの紫外線防御指標ASPF―日よけは役立っているか―」Visual Dermatology 第10巻 第5号 pp.500-503，2011年5月

8.4.2) 環境省「紫外線環境保健マニュアル2008」環境省，2008年6月

8.4.3) Under Cover -Guidelines for shade planning and design-
http://www.cancersa.org.au/cms_resources/documents/Resources/sunsmart/Undercover03update.pdf

8.4.4) Australian Institute of Environmental Health "Creating Shade at Public Facilities" Queensland Health

8.4.5) Department of Architecture University of Queensland "Shade for Sports Fields" Queensland Health 1995

8.4.6) 川西利昌，橋口真奈美「ビーチバレー会場の日除けに関する研究」日本沿岸域学会研究討論会講演概要集，第23号CD，2010年7月

8.4.7) Toshimasa Kawanishi "UV Shade Chart" Proceeding of UV Conference, pp.157-158,Davos, Switzerland, Sep.07

8.4.8) 川西利昌，向山達哉「紅斑作用紫外放射量と海浜日除けに関する研究」日本建築学会環境系論文集，第73巻，第623号 pp.131-137，2008年1月

8.4.9) 川西利昌「紫外線・熱中症を防ぐ日除け」p.152，技報堂出版，2012年7月

8.4.10) 6.4.9) 同上

第9章

9.1.1) 日本建築学会「東日本大震災合同調査報告書　建築編8　建築設備・建築環境」日本建築学会，2015 年 3 月

9.1.2)　9.1.1) 同　pp.105 〜 123

9.1.3 下野祐之ほか「東日本大震災による津波被害を受けた岩手県沿岸の水田の除塩基準への温度影響」日本作物学会紀事 81 巻 4 号 pp.441-448，2012 年

9.1.4) 難波弘行ほか「東日本大震災における津波後の粉塵と咳症状との関係」日本医療薬学会講演要旨集 22,480，2012 年 10 月

9.1.5) 内山巌雄「東日本大震災における粉塵吸入による長期健康影響―アスベストのリスク評価を考える」日本リスク研究学会誌 21 巻 3 号 pp.175-182，2011 年

9.1.6) 福島県相馬市「相馬市におけるヘドロ健康障害対策システム」2011 年 6 月

9.1.7) 林野庁「今後における海岸防災林の再生について」東日本大震災に係る海岸防災林の再生に関する検討会，2012 年 1 月

9.2.1) 川西利昌，大塚文和「周辺及び指向性を持つ線量計によるふなばし三番瀬海浜の線量率測定」日本建築学会環境系論文集 第 79 巻 第 695 号 pp.117-122，2014 年 1 月

9.2.2) 津旨大輔，坪野考樹，青山道夫，廣瀬勝巳「福島第一原子力発電所から漏洩した 137Cs の海洋拡散シミュレーション」電力中央研究所報告 V11002 pp.1-18，2011 年 11 月

9.2.3) 大塚文和，廣實信人，川西利昌，増田光一「東京湾を対象とした福島第一原子力発電所事故に伴う放射性物質の流入量の推定」土木学会論文集第 68 巻第 4 号 B3-124，2012 年 6 月

9.2.4) 文部科学省「東京湾における海域モニタリング結果（海底土）」2012 年 8 月

9.2.5) 文部科学省ほか「平成 24 年度海域モニタリングの進め方」2013 年 3 月

9.2.6) N. Fujinami, T. Koga and H. Morishima "External Exposure Rates from Terrestrial Radiation at Guarapari and Meaipe in Brazil",
http://www.irpa.net/irpa10/cdrom/00490.pdf，2013 年 3 月 15 日

9.2.7) 船橋市「ふなばし三番瀬海浜公園潮干狩場の放射能測定について」2013 年 2 月
http://www.park-funabashi.or.jp/bay/houshanoukeka/　など，2013 年 4 月 8 日

9.2.8) R.Veigaa, etc "Measurement of natural radioactivity in Brazilian beach sands", Radiation Measurements 41 pp.189-196, 2006

9.2.9) A.S. Alencar, A.C. Freitas "Reference levels of natural radioactivity for the beach sands in a Brazilian southeastern coastal region", Radiation Measurements 40, pp.76-83, 2005

9.2.10) 文部科学省「発電用軽水型原子炉施設の安全審査における一般公衆の線量当量評価について」p.14，1988 年 3 月

9.2.11)　9.2.10) 同　p.15

9.2.12) 国際放射線単位測定委員会（ICRU）（13-01-03-11）被ばく管理のための種々の線量（09-04-02-05), http://www.rist.or.jp/atomica/data/dat_ detail.php?Title_Key=09-04-02-05，2013 年 3 月 15

日

9.2.13) 放射線医学総合研究所緊急被ばく医療研究センター線量評価研究部訳 "Generic Procedures for Assessment and Response during Radiological Emergency"（国際原子力機関（IAEA）放射線緊急事態時の評価および対応のための一般的手順），IAEA-TECDOC-1162 p.86，2000 年 3 月

9.2.14) 国土交通省国土地理院（写真）

http://archive.gsi.go.jp/airphoto/ViewPhotoServlet?workname=CKT20092&courseno=C35&photono=19，2013 年 3 月 15 日

9.2.15) 船橋市「ふなばし三番瀬海浜公園潮干狩場の放射能測定について」

http://www.park-funabashi.or.jp/bay/houshanoukeka/，2013 年 4 月 8 日

9.2.16) 　9.2.1）同

9.2.17) 　9.2.12）同

9.2.18) Satoshi MIKAMI "Performance Test in Terms of Energy and Angular Dependence with ISO Photon Radiation on an Ambient and Directional Dose Equivalent Rate Meter" RADIOISOTOPES，54, pp.545-553, 2005

付録

付録 2.1) 日本建築学会編「海洋建築の計画・設計指針」日本建築学会，2015 年 3 月

付録 3.1) 空気調和・衛生工学会編「空気調和・衛生工学便覧」第 13 版 第 1 巻 p.92，2001 年 11 月

付録 4.1) 川西利昌「日除け理論」pp.107-108，デザインエッグ，2014 年 10 月

図表出典

図版

第 1 章
図 1.1.1　　文献 1.1.6)
図 1.2.1　　初出
図 1.2.2　　1.2.1)
図 1.2.3　　1.2.2)
図 1.2.4 〜図 1.2.21　初出
図 1.2.22　1.2.5)
図 1.2.23　1.2.6)
図 1.2.24　1.2.7)
図 1.2.25　1.2.8)
図 1.2.26　1.2.9)
図 1.2.27　初出
図 1.2.28　初出
図 1.2.29　初出
図 1.2.30　初出

第 2 章
図 2.1.1　　初出
図 2.3.1　　2.3.3)
図 2.3.2　　2.3.3) に加筆
図 2.4.1 〜図 2.4.6　2.4.8)
図 2.5.1　　初出
図 2.5.2 〜図 2.5.4　2.5.1)

第 3 章
図 3.1.1 〜図 3.1.4　初出
図 3.2.1(a)　株式会社萬坊提供
図 3.2.1(b)　初出
図 3.2.2　　3.2.1)
図 3.2.3　　3.2.2)
図 3.2.4　　3.2.7)

図 3.2.5　　3.2.9)
図 3.2.6　　3.2.10)

第 4 章
図 4.1.1　　初出
図 4.1.2　　4.1.2)
図 4.1.3　　4.1.7)
図 4.1.4 〜図 4.1.14　初出
図 4.2.1　　4.2.5)
図 4.2.2 〜図 4.2.9　4.2.3)
図 4.3.1　　初出

第 5 章
図 5.1.1 〜図 5.1.4)　初出
図 5.2.1 〜図 5.2.5　5.2.1)

第 6 章
図 6.1.1、図 6.1.2　初出
図 6.1.3　　6.1.1)
図 6.1.4 〜図 6.1.6　初出
図 6.2.1 〜図 6.2.3　初出

第 7 章
図 7.1.1 〜図 7.1.13　初出
図 7.2.1 〜図 7.2.14　7.2.1)
図 7.3.1　　初出
図 7.3.2 〜図 7.3.5　7.3.1)

第 8 章
図 8.1.1 〜図 8.1.8　8.1.1)
図 8.2.1　　8.2.6)
図 8.2.2　　8.2.1)

図 8.2.3　　8.2.8)
図 8.2.4　　8.2.12)
図 8.2.5 〜図 8.2.8　8.2.1)
図 8.3.1 〜図 8.3.7　8.3.1)
図 8.4.1　　8.4.1) p.500
図 8.4.2　　初出
図 8.4.3　　8.4.1) p.501
図 8.4.4　　8.4.1) p.501
図 8.4.5　　8.4.1) p.501
図 8.4.6　　8.4.1) p.502
図 8.4.7　　付録 4.1) p.38
図 8.4.8　　8.4.1) p.502
図 8.4.9　　初出

第 9 章
図 9.1.1　　初出
図 9.1.2 〜図 9.1.5　9.1.1)
図 9.2.1　　初出
図 9.2.2 〜図 9.2.8　9.2.1)
図 9.2.9 〜図 9.2.13　9.2.16)

付録
付 3.1)　空気調和・衛生工学会編「空気調和・衛生工学便覧」第 13 版　第 1 巻　p.92　2001 年 11 月
付 4.1)　川西利昌「日除け理論」pp.107-108　デザインエッグ　2014 年 10 月

表

第 1 章
表 1.2.1　　初出

第 2 章
表 2.4.1　　2.4.8)

第 3 章
表 3.1.1　　3.1.11)
表 3.1.2　　3.1.12)
表 3.2.1　　3.2.8)

第 4 章
表 4.1.1　　4.1.6)
表 4.1.2　　4.1.7)
表 4.1.3
表 4.1.4　　4.1.8)
表 4.2.1　　4.2.5)

第 5 章
表 5.2.1　　5.2.1)

第 6 章
表 6.1.1　　6.1.2)

第 7 章
表 7.2.1　　7.2.1)

第 8 章
表 8.1.1、表 8.1.2　8.1.1)
表 8.2.1　　8.2.1)
表 8.2.2、表 8.2.3　8.2.6)
表 8.3.1　　8.3.1)

第 9 章
表 9.1.1　　9.1.1)

Appendixes

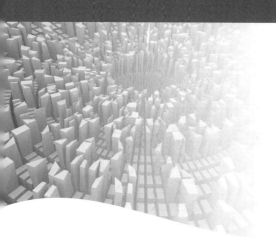

付　録

付録1. 海流別の都市のクリモグラフ
付録2. 日本建築学会編「海洋建築の計画・設計指針」（環境関連抜粋）
付録3. 空気線図
付録4. 紫外放射日除けチャート

付録 1. 海流別の都市のクリモグラフ

黒潮

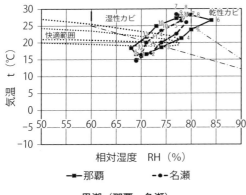

黒潮（那覇、名瀬）

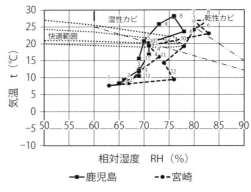

黒潮（鹿児島、宮崎）

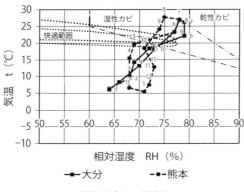

黒潮（大分、熊本）

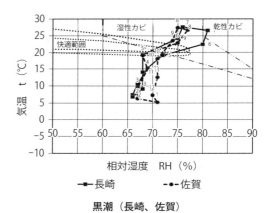

黒潮（長崎、佐賀）

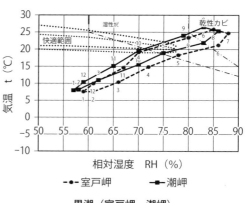

黒潮（清水（土佐）、高知）

黒潮（室戸岬、潮岬）

付録1. 海流別の都市のクリモグラフ

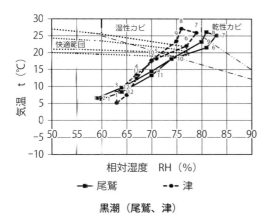

黒潮（尾鷲、津）

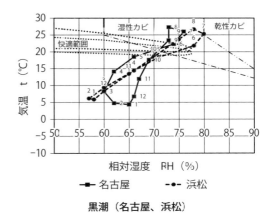

黒潮（名古屋、浜松）

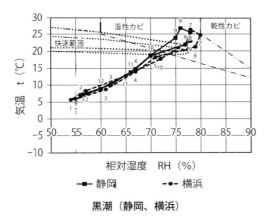

黒潮（静岡、横浜）

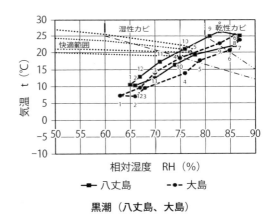

黒潮（八丈島、大島）

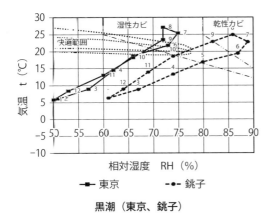

黒潮（東京、銚子）

対馬暖流

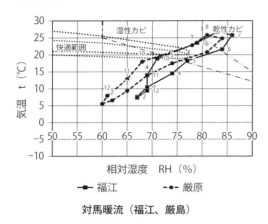

対馬暖流（福江、厳島）

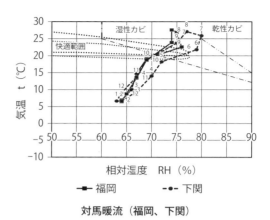

対馬暖流（福岡、下関）

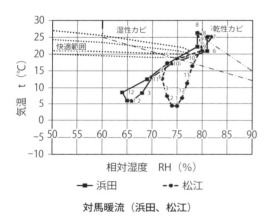

対馬暖流（浜田、松江）

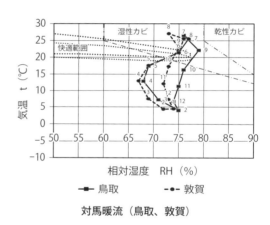

対馬暖流（鳥取、敦賀）

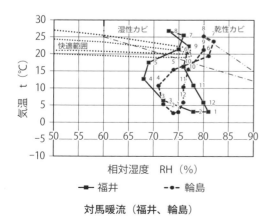

対馬暖流（福井、輪島）

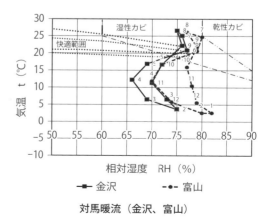

対馬暖流（金沢、富山）

付録1. 海流別の都市のクリモグラフ　167

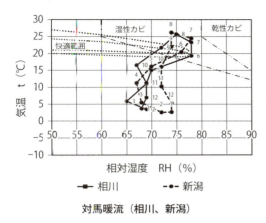

対馬暖流（相川、新潟）

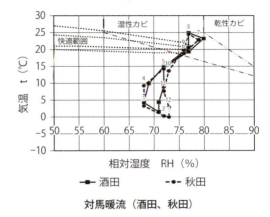

対馬暖流（酒田、秋田）

瀬戸内海

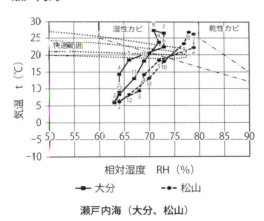

瀬戸内海（大分、松山）

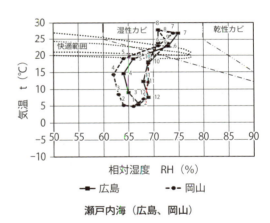

瀬戸内海（広島、岡山）

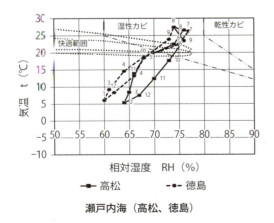

瀬戸内海（高松、徳島）

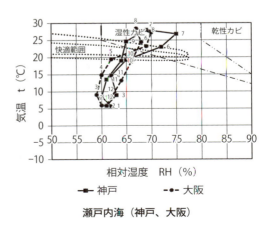

瀬戸内海（神戸、大阪）

168 付録

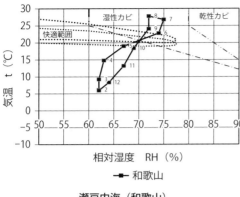

瀬戸内海（和歌山）

黒潮、親潮（年、季節により）

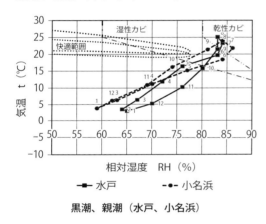

黒潮、親潮（水戸、小名浜）　　　　　黒潮、親潮（仙台、宮古）

津軽暖流

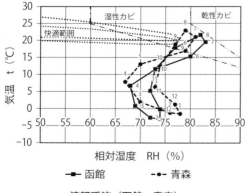

津軽暖流（函館、青森）

付録 1. 海流別の都市のクリモグラフ

宗谷暖流

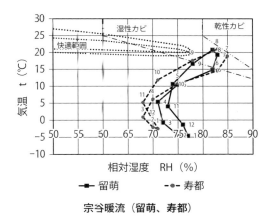

宗谷暖流（留萌、寿都）

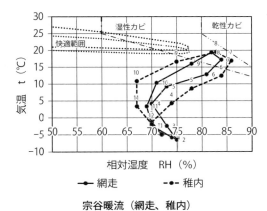

宗谷暖流（網走、稚内）

親潮

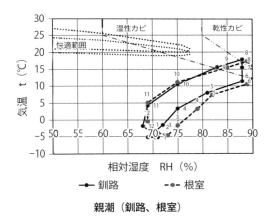

親潮（釧路、根室）

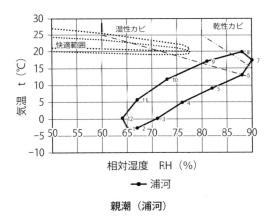

親潮（浦河）

内陸

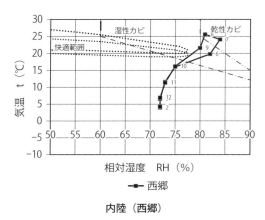

内陸（西郷）

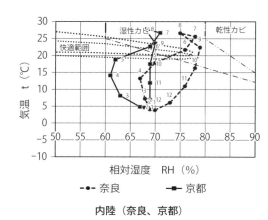

内陸（奈良、京都）

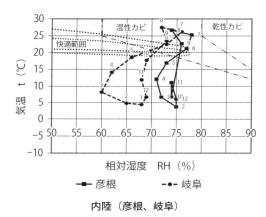

内陸（彦根、岐阜）

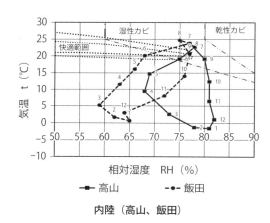

内陸（高山、飯田）

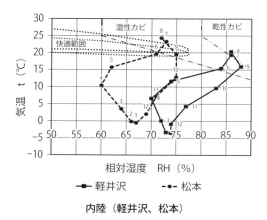

内陸（軽井沢、松本）

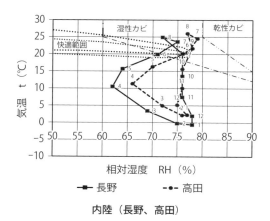

内陸（長野、高田）

付録1. 海流別の都市のクリモグラフ

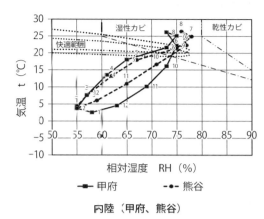

内陸（甲府、熊谷）

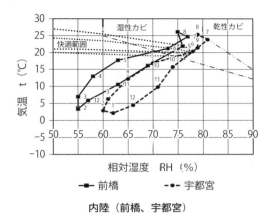

内陸（前橋、宇都宮）

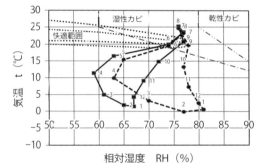

内陸（福島、山形）

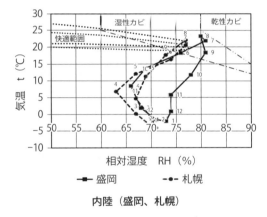

内陸（盛岡、札幌）

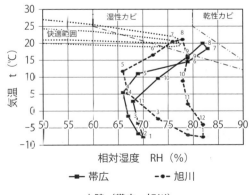

内陸（帯広、旭川）

付録2. 日本建築学会編「海洋建築の計画・設計指針」（環境関連抜粋）

日本建築学会　2015.3

2.2　生理的・心理的影響

2.2.1　光の反射
　海は視界として広遠で、開放感がある。波の動きや砕け散る様子、潮の干満、水中の生物の動きなどは海ならではの景観である。海面反射光は日没近くなると赤みがかり快適な景観をつくりだす。一方では、太陽高度によりグレアを発生して視界を妨げる。

2.2.2　波の音
　適度な波浪の音は、海のイメージを膨らませる要素になる。また、波浪から生じる超音波は、快適性を増すこともある。波浪・流れ・風が発する音が大きいと、恐怖感を与える。

2.2.3　潮のにおい
　海岸では潮の香りを感じることができる。また、水質の低下や泥・動植物の腐敗による異臭もある。

2.2.4　水の感触
　海水浴は気持ちがよい。また、全身水を浴びなくても手や足を水につけるだけでも心地よい。波打ち際は足触りがよいため、素足で歩きたくなる。

2.2.5　開放感・孤立感
　海洋には開放感があると同時に、陸と離れた空間に居住することに、孤立感や不安感などがある。安心して作業・居住するには、心理的、生理的な配慮も必要である。一方、海の資質を生かしたタラソテラピー（海洋療法）やサングリッタ（海面反射光）などもあり、積極的に活用することも考える。

2.2.6　波や風による揺れ
　海域においては陸域と異なる風の特性に加え、波に起因する振動、動揺への配慮は生理心理面でも欠かせない因子となる。

2.3　空間特性

2.3.1　広大性
　都心近傍では得にくい平坦で広大な空間を確保しやすい。この特性を利用することで、都市で不足しがちな交通施設、公園緑地、スポーツ・レクリエーション施設などの大規模公共施設の建設が可能となり、都市問題の解決にも貢献する。

2.3.2　可変性
　既存施設が手狭になったり、需要に応じて拡張・増築する場合、既存市街地の中では地続きの隣接地を買い増して空間を拡大することは困難である。それに対して、周囲のいずれかに海面のある海洋建築物では、それが比較的容易に実現できる。海域の特性や必要性に応じて、着底式や浮体式など、いくつかの構造形式の中から、適性にあった方式や規模を選択できるのも

利点である。

2.3.3 余裕性
日本の海域では、特別な許可なく建築物は建てられない。このため内陸の既成市街地とは異なり、海洋建築の周囲には大きな空間が広がっている。周囲に大きな余裕空間があることは、陸域にはない可能性やさまざまな影響をもたらすので、利点を活かし、欠点を制御することが重要である。

2.3.4 鉛直展開性
海面下の水中を利用して建築空間を鉛直方向に展開することができる。とくに水深が深い海域では、大空間が確保可能であり、既存の海洋建築物に対して、追加的に下方に空間展開できるのは大きな利点である。

2.3.5 隔離性
海域に立地する海洋建築は、陸域との距離的な関係やアクセスの方法によっては、空間の隔離性・独立性が高まる。この空間特性を活用することで、独自の雰囲気を演出しやすい施設や、陸域では立地制限を受けやすい施設の立地を可能にする。

2.4 常時リスク

2.4.1 潮風、塩害
海風により輸送される砂塵、海塩は、海洋建築物と付帯設備への汚損および劣化の助長、ならびに居住の快適性の損失を招く可能性があるので、建築計画においては構造材料や仕上げ材料の選定、設備や窓の配置に配慮し、維持管理計画にも配慮しなければならない。

2.4.2 強風
海上の風は季節変動が大きく季節ごとの卓越方向が明確であり、内陸部と比べて異常時の海風は遮蔽物がないために風速が大きい傾向があるので、海洋建築の計画に際しては、アクセス時の安全性確保などの防風対策を講じなければならない。

2.4.3 動揺
海洋建築物には陸上建築物と同様の振動に加え、海域特有の動揺が生じる。したがって設計に先立ち、原因となる海象と結果としての動揺の関係を把握しておく必要がある。

2.4.4 温度差
大気と海水との比熱の違いにより、気温と水温に大きな差が生じる。その温度差がもたらす建築材料の膨張と収縮に配慮する必要がある。

2.4.5 日射・紫外線
海域には直射光を遮るものがないので、日射・紫外線の受照量が多くなり、受照時間も長くなる。日射は海洋建築物の表面から熱として取り込まれ、室内温度の上昇、建築材料の温度上昇による熱膨張、変形、ひずみ、劣化などの原因となる。日射や紫外線に長時間曝されると、健康に悪影響を及ぼす。

2.4.6 高湿度
海洋大気は高湿度であるため、建築物の用途に応じた内装仕上げや空調などの対策を講じる

必要がある。

2.4.7　潮位差
　海域によっては干満差に大きな違いが生じるので、海域利用にあたっては、その影響に注意する必要がある。

2.4.8　潮流・拡散
　海流や潮流などにより海洋建築物に起因する水質影響は拡散するので、汚水の濃度は希釈されて低下する一方、広範囲に影響が及ぶことにもなる。排水を公共の下水処理施設へ送水することが困難な場合には、建築物に汚水処理施設を配備する必要がある。

2.4.9　降雨・積雪・着氷
　雨水・積雪・着氷による浮体上の一時的な重量の増加は、構造または安定に対して危険な状態になることがあるので、排水や除雪についての対策を講じる必要がある。

2.4.10　放射性物質
　放射性物質は海岸や海中に蓄積され、海底や河口の土壌や海水中などに存在する。放射線量は海底や河口の土壌で高くなる。放射線に長期にわたり被曝すると、人体や生物に影響を与える。放射線の高い海域での建築物の設置は、避けることが望ましい。

2.5.1　自然災害

a. 波浪
　太平洋側の海域においては台風接近に伴う波浪の発達、日本海側の海域においては冬季の季節風による波浪の発達に十分配慮すべきである。

b. 暴風
　日本近海の最大風速は主に台風の通過によって発生する。日本海側の海域においては冬季の季節風の影響も大きい。陸上に比べると海面の粗度はきわめて小さいため、境界層が薄く上空風の勢いが減衰しづらいため、海上風の風速は陸上に比べて大きくなる。最近は竜巻の発生が多くなっており、竜巻の接近に対する検討も必要である。

c. 高潮
　低気圧の接近による海面上昇は、海洋建築物への浸水、浮力増加に伴う、構造破壊・機能障害、係留索の破断などを引き起こす。とくに湾の内側に海洋建築物を建設する場合は、強風による吹き寄せ、満潮、閉鎖性湾の固有振動（セイシュ）、降雨による増水などの影響が加わるため注意が必要である。

d. 地震
　日本近海ではどこに海洋建築物を建設しようが、地震に対する安全性の検討は避けて通れない。地震の発生メカニズムと発生する地震動の性質を理解し、地震に対する応答挙動を適切に推定することはきわめて重要である。

e. 海域のネットワーク
　海域に孤立する海洋建築の計画にあたっては、陸域との連携とともに周辺の島や他の海洋建築とネットワークを構築し、人・もの・エネルギー・情報の流れを拡張することに配慮する。

3.2.3 環境計画
a. 日射・日照・紫外線
（1）日射

　海域は大気透過率が高いので、対象地点の直達日射量を十分に考慮し、とくに過剰な日射に配慮する。

（2）日照

　海洋建築物が大きい場合、海中、海底への光を遮断する可能性があり、生態系への影響を最小にするため、海洋建築物および周辺の日照調整を行う必要がある。

（3）紫外線

　海域は周囲に遮るものがないため紫外線は強く、また周辺の水面や砂面からも来る。紫外線は材料の劣化・変色の原因となる。また、人体の被曝に対して紫外線防御が必要になる。

b. 採光・照明
　海域は周囲に遮蔽物が少なく、日の出から日没まで太陽光線が到達する傾向にあるので、採光計画に十分配慮する。水密性を確保するため窓は小さく、昼光率は低くなる。人工照明を併せて考慮する。

c. 色彩
　海洋建築物の外装の色は、安全性と周囲との調和を考慮して決める。また、日射による温度上昇を防ぐため熱反射率の高い色を採用する。

d. 室内気候
　海洋建築物は陸上と同様の快適性が求められ、居室に関しては陸上建築物の室内環境基準を適用する。

e. 動揺・振動への対応
　海洋建築物においては、陸上建築物に生じるのと同様の短周期振動はもとより、風、波浪による長周期振動、すなわち動揺を考慮しなければならない。とくに動揺に関して着底式では主として水平運動のみであるが、浮体式には鉛直運動および傾斜が加わるので、さらなる配慮が必要となる。

付録3. 空気線図[付3.1)]

（出典：空気調和・衛生工学便覧 1 基礎編）

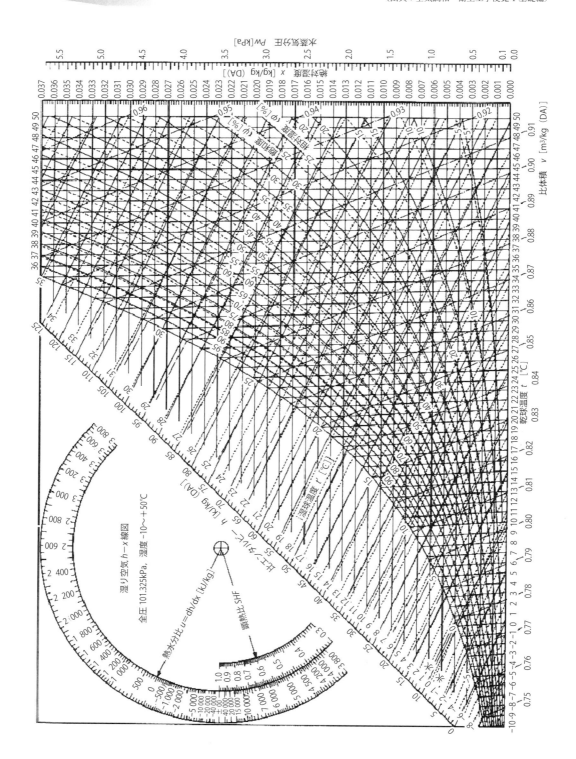

湿り空気 $h-x$ 線図
全圧 101.325 kPa，温度 $-10 \sim +50℃$

付録 4. 紫外放射日除けチャート（等距離射影）[付4.1]

（大きな黒点は太陽で点の数に入れない）

$ASPF_{90} = 200 \div P_s =$

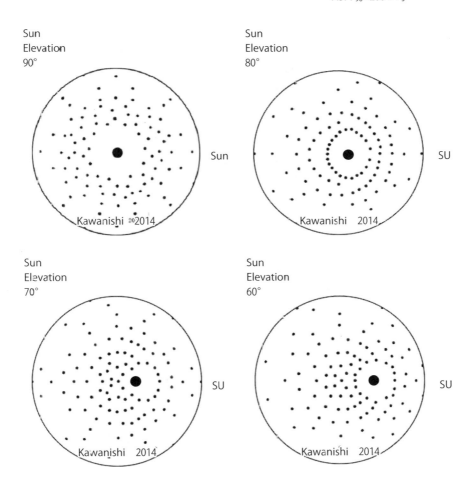

索 引

欧文・数字

- 1/f ゆらぎ　41
- α波　36
- β波　36
- δ波　36
- θ波　36
- ASHRAE　31
- ASPF　132
- BCD　104
- ET　31
- pH　3
- POMS　36
- SPF　122
- UV Shade Chart　133
- UV Sky Chart　133
- UV-A 領域　85
- UV-B　85
- UV インデックス　118
- UV カット化粧品　119
- WATERLINE Floating Lounge　55

あ行

- 亜鉛釘　50
- アクアポリス　55
- 雨樋　52
- アルベド　90
- アルベド法　124
- アルミサッシ　50
- アレルギー　82, 139
- 安静時計測　40
- 安全性　44
- 石垣　48
- 石ぐろ　48
- 磯　47
- 磯海岸　50
- 緯度　4, 9
- 岩島型　98
- 因子分析　40
- 海風　21
- 海の家　45
- 海の色　103
- 埋立　45
- エアーサンプラー　73
- エアロゾル　123
- 衛星写真　125
- 液状化　45, 137
- 塩害環境　63
- 塩害区分　45
- 塩害対策　54
- 塩害地域　63
- 沿海都市　46
- 塩化ナトリウム　73, 74
- 沿岸域　1
- 沿岸海域　1
- 沿岸建築物　26, 44
- 沿岸陸域　1
- 遠景　99
- 鉛直面紫外放射照度　129
- 鉛直面天空日射量　92
- 塩分　3
- 塩分量　61
- 小笠原　4
- オホーツク　4
- オホーツク海気団　47
- 親潮　2
- 音圧　34
- 温暖地域　19
- 温度　4

か行

- カーペット　50
- 海塩核　73
- 海塩粒子　60
- 海岸形態　45
- 海岸浸食　137
- 海岸線　1, 2
- 海岸都市　46
- 海岸平野　3
- 海岸別荘　45
- 海岸保養所　45
- 海岸リゾート施設　46
- 海岸林　21, 142
- 外気温　81
- 海事博物館　45
- 海上旅客ターミナル　55
- 海水滴　60
- 海水浴場　45, 141
- 海藻　26
- 海中工事　112
- 海中水族館　111
- 海中展望塔　45, 111
- 海中レストラン　111
- 貝塚遺跡　52
- 快適感　107
- 快適線図　31
- 快適範囲　10
- 海抜高度　4, 45
- 外表面対流熱伝達率　94
- 海浜公園　140
- 海浜緑地　140
- 塊密居　46
- 海面水温　90
- 海面水温図　19
- 海面日射反射率　94
- 海面反射光　97
- 海面反射成分　129
- 海面放射　93
- 海面立体角投射率　94
- 海洋景観　97
- 海洋研究所　45
- 海洋性気候　5
- 海洋療法　38
- 海洋療法施設　39
- 海陸風　4
- 海流　2
- 垣根　48
- 較差　4
- 拡散反射　92
- 拡張アメダス気象データ　4
- 崖　47

下降流 …………………… 22	近景 …………………… 99	最高気温 …………………… 4
可住面積 …………………… 3	緊張係留 ………………… 45	最低気温 …………………… 6
風 ……………………………… 4	杭 ……………………………… 45	砕波地点 ………………… 74
風荷重 …………………… 48	空間線量率 …………… 144	作業レベル ……………… 58
河川 ……………………… 23	空気清浄装置 ………… 139	砂州型 …………………… 98
加速度 …………………… 56	空調負荷 ………………… 53	サッシ廻り ……………… 82
カテナリー係留 ……… 45	クーラー ………………… 50	砂面鉛直面立体角投射率 …… 129
カビ ……………………… 10	グラスボトムボート … 111	砂面日射反射率 ………… 94
ガラス …………………… 47	クリモグラフ …………… 10	砂面放射 …………………… 93
瓦礫仮置場 …………… 140	グレア …………………… 54	砂面立体角投射率 ……… 94
乾き空気 ………………… 80	黒潮 ……………………………… 2	左右揺れ ………………… 55
癌 ………………………… 123	傾斜護岸 ………………… 61	散居 ……………………… 46
換気口 ……………… 49, 50	珪藻土 …………………… 47	サングリッタ ………… 104
乾球温度 ………………… 80	形態係数 ………………… 92	サングリッタ階級表 … 109
環境省紫外線環境保健	形容詞対 ………………… 40	サングリッタ輝度 …… 105
マニュアル ……… 132	係留索 …………………… 55	サングリッタ色度 …… 105
観光潜水艇 …………… 111	結露 …………………… 6, 80	サングリッタ早見図 … 110
感情 ……………………… 36	建築的太陽紫外	珊瑚 ……………………… 48
乾性カビ ………………… 82	放射防御指標 …… 132	サンスクリーン剤 …… 119
干満 ……………………………… 2	恒温性 …………………………… 4	潮 ………………………………… 2
寒流 ……………………………… 7	交感神経 ………………… 56	紫外写真法 …………… 124
緩和 ……………………… 23	洪水 ……………………… 29	紫外線 …………………… 51
気圧 ……………………………… 4	降水量 …………………………… 4	紫外線カットガラス … 51
奇岩型 …………………… 98	航跡 ……………………… 97	紫外帯域反射率変化比 …… 85
季間乾暑地域 …………… 26	豪雪寒冷地域 …………… 19	紫外天空率図 ………… 133
季間寒冷地域 …………… 26	紅斑作用 ………… 119, 131	紫外反射 ……………… 124
季間蒸暑地域 …………… 26	港湾施設 ………………… 46	紫外反射率 …………… 123
季節風 …………………………… 4	国際照明委員会 ……… 104	紫外反射率分布 ……… 125
気分 ……………………… 36	黒体 ……………………… 94	紫外放射 ……………… 118
吸光光度法 ……………… 74	黒体軌跡 ……………… 104	紫外放射照度計 ……… 126
吸収率 …………………… 22	個人線量 ……………… 144	紫外放射対策 ………… 121
弓状汀線型 ……………… 98	骨振動 …………………… 34	紫外放射日浴けチャート …… 133
仰角 …………………… 100	固有周期 ………………… 55	視覚 ……………………… 56
鏡面反射成分 …………… 93	コンクリート …………… 47	視覚障害 ……………… 109
魚介類 …………………… 24	コンクリートの	視覚的刺激 …………… 108
魚眼写真 ……………… 129	塩害環境区分 …… 45	視覚疲労測定計 ……… 109
魚眼レンズ …………… 129	コンクリート剥離 …… 60	色彩認知実験 ………… 112
居住安全性限界 ………… 57		色度図 ………………… 113
居住弱支障限界 ………… 57	**さ 行**	視距離 …………………… 99
居住性評価 ……………… 56		指向性線量計 ………… 147
居住無支障限界 ………… 57	サージング ……………… 55	自然治癒力 ……………… 38
居住レベル ……………… 58	採光 ……………………… 52	視対象 …………………… 97

室外機 … 63	植林間隔 … 61	生息条件 … 54
漆喰 … 26, 47	除湿 … 16	生理反応 … 34
実効線量 … 144	除湿機 … 82	セッキー板 … 113
湿性カビ … 82	除湿剤 … 82	設定温度 … 87
視点 … 97	除湿シート … 82	瀬戸内海 … 6
視点場 … 97	除染 … 138	前後揺れ … 55
視認行動 … 108	自律神経機能障害 … 56	船首揺れ … 55
視認時間 … 108, 109	シリンダー錠 … 50	扇状 … 54
視認率 … 104, 108	しわ … 123	喘息 … 82, 139
地盤液状化 … 29	深雪地域 … 19	洗濯物 … 48
地盤沈下 … 29	シンチレーション式 … 144	全天紫外放射照度 … 126
シベリア … 4	新陳代謝 … 30	全天日射量 … 9
シベリア気団 … 47	振動数 … 56	全日射量 … 92
島山型 … 98	心拍数計測 … 41	船舶 … 56
しみ … 123	心拍変動 … 41	線量計 … 144
事務レベル … 58	新有効温度 … 16	相対指向性線量率 … 148
湿り空気 … 80	心理反応 … 34	相対湿度 … 4
遮光指導 … 132	水産施設 … 46	宗谷暖流 … 2
ジャッキアップ … 45	水蒸気 … 25, 80	速度圧 … 48
重塩害環境 … 63	水蒸気圧 … 80	
臭覚 … 56	水蒸気分圧 … 80	**た行**
集居 … 46	水上レストラン … 55	
重仕様 … 50	水色計 … 103	帯域透過率変化比 … 85
ジュータン … 50	水素イオン濃度 … 3	耐塩害仕様 … 63
集団的防御 … 132	水族館 … 45, 111	大気放射率 … 94
周波数解析 … 36	水中照度 … 112	滞在時間 … 120
周辺線量 … 144	水中色 … 111	代謝 … 30
主観評価 … 33	水平面全天紫外放射照度 … 129	代謝熱 … 30
樹高 … 61	水平面全天日射量 … 91	代謝量 … 30
樹種 … 61	水平面直達紫外放射量 … 129	耐重塩害仕様 … 63
シュノーケリング … 111	水平面直達日射量 … 91, 94	ダイビング … 111
樹木 … 50	水平面天空紫外放射量 … 129	台風 … 4, 29
準塩害環境 … 63	水平面天空日射量 … 91	太平洋気候 … 6
順化 … 25	水平面立体角投射率 … 129	太陽高度 … 93
上下揺れ … 55	スウェーイング … 55	太陽遮蔽帯 … 91
上昇流 … 22	スチーブンス … 57	太陽直達 … 90
消波構造物 … 73	砂 … 47	太陽直達成分 … 129
蒸発 … 30	砂地盤 … 49	太陽直達日射 … 25
消波ブロック … 61	砂浜海岸 … 50, 73	太陽方位 … 94
照明器具 … 51	砂浜型 … 98	大陸棚海域 … 1
縄文時代 … 52	砂浜幅 … 61	対流 … 30
植栽 … 50	生気象学 … 29	多雨地域 … 19

高潮	29, 137	
畳	50	
竪穴式住居	52	
縦揺れ	55	
タラソテラピー	38	
暖房	16	
暖房度日	88	
遅延度	104, 109	
知覚域	56	
地上気象観測網	6	
地表面粗度	48	
着底	45	
中景	99	
昼景	101	
潮位	75	
超音波	33	
聴覚	56	
聴覚器官	34	
聴覚誘発電位	36	
潮間帯	1, 54	
潮汐	2	
長波長放射	93	
眺望	51	
潮流	2	
直散分離	91	
直達日射量	90	
直立堤防	61	
津軽海峡	2	
津軽暖流	2	
対馬海峡	2	
対馬暖流	2	
津波	29, 137	
呈示音	35	
デグリーデー	17, 87	
鉄	47	
テトラタイプ	75	
電気設備	64	
天空輝度修正係数	129	
天空成分	129	
天空日射	90	
天空率図	129	
天空立体角投射率	94	

テント	120, 123	
点放射線源	147	
透過率	84	
等距離射影形式	129	
透明度	104	
動揺	55	
動揺シミュレータ	59	
動揺振幅	55	
動揺病	56	
道路示方書	62	
塗装	49	
塗装剥がれ	60	
突風	48	
土間	49	
土間コンクリート	82	
ドルフィン係留	45	
泥	47	

な行

内陸性気候	6	
長ズボン	119	
長袖	119	
軟弱地盤	45	
軟着底	45	
臭い	32	
二重ガラス	54	
日較差	4	
日射	4	
日射遮断	26	
日射遮蔽	53	
日射反射率	90	
日照権	47	
日本海気候	6	
日本冷凍空調工業会標準規格	45	
入射熱量	93	
乳幼児	118	
音色	33	
熱貫流率	81	
熱線吸収ガラス	54	
熱線反射ガラス	54	

熱中症	31	
熱伝達率	81	
熱伝導	22	
熱伝導率	22	
熱放射	25	
熱容量	4	
熱量	87	
年較差	4	
年間乾暑地域	26	
年間寒冷地域	26	
年間蒸暑地域	26	
脳波	36	

は行

配電盤	64	
ハイボリウムエアーサンプラー	74	
白色鉱物含有率	128	
バクテリア	26	
剥落	64	
曝露時間	120	
暴露試験	84	
発育範囲	82	
浜離宮庭園	50	
葉密度	61	
パラソル	120	
波浪エネルギー	3	
反射光	52	
反射日射	90	
反射率	22	
反応時間	36	
ビーチパラソル	123	
ヒートアイランド	10	
ヒービング	55	
日陰砂面反射成分	129	
東日本大震災合同調査報告書	137	
干潟	52	
美感	107	
飛砂	78	
比重	3	

ピッチング……………………55	壁面方位……………………94	ムーングリッタ……………104
日向砂面反射成分…………129	ヘドロ対策…………………140	無彩色………………………115
ビニールシート……………50	変色……………………………51	明暗順応……………………109
比熱……………………………22	防塩……………………………50	メラニン色素………………118
被曝期間……………………144	方向性線量…………………144	モンスーン……………………26
皮膚炎………………………123	防砂ネット……………………61	
皮膚感覚………………………56	防砂林…………………………67	**や行**
皮膚振動………………………34	帽子…………………………119	
飛沫……………………………60	防湿……………………………50	夜景…………………………101
飛沫量…………………………79	放射……………………………30	屋敷林…………………………48
表面温度………………………81	放射輝度・放射照度法……124	安らぎ感……………………107
風圧力…………………………48	放射性物質……………138, 143	弥生時代………………………52
風土……………………………25	放射線………………………143	夕凪………………………………6
風力係数………………………48	放射線遮蔽箱………………147	揚子江……………………………4
プール…………………………39	放射線量……………………143	ヨーイング……………………55
風浪………………………………2	放射能………………………144	横揺れ…………………………55
不快感…………………………56	放射冷却………………………53	
俯角…………………………100	防潮林…………………………67	**ら行**
ぷかり桟橋……………………58	防波堤…………………………50	
不感温度………………………40	防風……………………………50	ランドツルースデータ……125
不規則波………………………59	防風林………………………6, 67	離岸堤…………………………78
腐食……………………………60	望楼……………………………96	リクリエーション施設………97
浮体空港………………………95	飽和水蒸気圧…………………80	リズム…………………………33
浮体レストラン………………95	保健性…………………………44	リゾート施設…………………97
舟屋……………………………52	歩行支障………………………59	リマン……………………………4
船酔い…………………………55	捕集方法………………………73	リモートセンシング法……124
浮遊感覚………………………42	保守率…………………………86	臨海学校………………………45
浮遊式海洋構造物……………55	ホテル船………………………55	臨海実習所……………………45
浮遊物質…………………………3	ポリエチレンシート…………49	冷房デグリーデー……………89
フローティングハウス………29		礫………………………………47
プロフィール検査……………36	**ま行**	劣化……………………………51
分光光度計法………………124		列状密居………………………46
分光反射率……………………84	間垣……………………………48	ローリング……………………55
粉塵…………………………139	マスク………………………139	六脚タイプ……………………75
塀………………………………48	眩しさ感……………………107	露天温度………………………80
平均気温…………………………7	マリンスタジアム……………54	
平均相対湿度……………………7	萬坊……………………………55	**わ行**
壁体放射率……………………94	水切り瓦………………………48	
壁面温度………………………94	密度………………………………3	和紙……………………………47

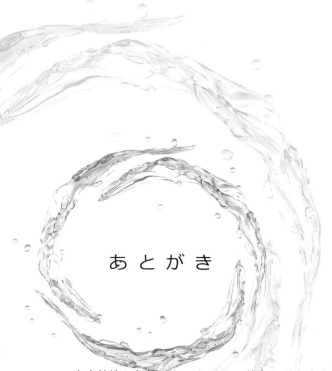

あとがき

　本書執筆の契機となったのは、著者らが日本大学理工学部海洋建築工学科で永らく講義してきた「海洋居住環境工学」が、他大学に無い固有の授業であり講義内容を記しておいて欲しいと要請があったからである。沿岸開発は高度成長期に長足の発展を遂げ、ウォータフロントに新しい沿岸形態が生まれた。その後、数年を経て、東日本大震災により沿岸域が甚大な被害を受け多くの尊い人命が失われ、沿岸域に人間が居住することにさらに多くの研究が必要なことを痛感させられた。

　2015 年、日本建築学会海洋建築委員会は「海洋建築計画・設計指針」を刊行し、今後の海洋建築への方向付けを明確にした。指針の中で計画系・構造系の分野は学問的な裏付けもありよくまとめられている。しかし環境系、とくに人間が介在する建築環境工学分野は設計の原単位に相当する部分の学問的な体系が十全とはいえず、研究が進んでいる部分と、未だ手つかずの部分がある。本書は研究途上にある、沿岸域の建築環境工学の現状について記し、今後この分野に進む学生、技術者、研究者、建築家の一助となることを願って刊行された。

　海洋建築工学は加藤渉日本大学副総長によって 1978 年創始された。本書の刊行にあたり、沿岸域の建築環境工学の研究に協力された日本大学理工学部海洋建築工学科卒業研究生、大学院生、教員諸氏に感謝する。本書の一部は沿岸域の建築事務所、工務店での調査に基づいて作成された。ご協力いただいた建築士の方々に御礼申し上げる。

2017 年 3 月

川西利昌　　堀田健治

著者略歴

川西　利昌　かわにし　としまさ
日本大学大学院電気工学専攻修了、千葉大学大学院学校教育臨床専攻修了、工学博士
日本大学理工学部海洋建築工学科教授、沿岸域の建築環境工学の教育研究に従事
現在、日本大学名誉教授
主著「紫外線・熱中症を防ぐ日除け」、「日除け理論」、「紫外放射を防ぐ日除けの研究」
「Shade Design for Avoiding Solar & UV」、「海洋環境学」（共著）他

堀田　健治　ほった　けんじ
ハワイ大学大学院建築学科・海洋工学科修了、日本大学大学院建築学専攻修了、工学博士、日本大学理工学部海洋建築工学科教授、沿岸域の海洋環境工学、感性工学の教育に従事
現在、日本大学名誉教授
著書：「海洋環境学」（共著）、「Engineered Coasts : Coastal Systems and Continental Margins」（共著）、「Coastal Management in the Asia-Pacific Region: Issues and Approaches」（共著）他、国連 IOC 諮問機関海洋資源開発委員会会長、海洋科学技術に関する太平洋学会会長等歴任

海洋建築シリーズ

沿岸域の安全・快適な居住環境
（えんがんいき　あんぜん　かいてき　きょじゅうかんきょう）

定価はカバーに表示してあります。

平成 29 年 4 月 8 日　初版発行

著　者　川西　利昌　堀田　健治
発行者　小川　典子
印　刷　亜細亜印刷株式会社
製　本　株式会社難波製本

発行所　㍿成山堂書店

〒160-0012　東京都新宿区南元町 4 番 51　成山堂ビル
TEL：03(3357)5861　　FAX：03(3357)5867
URL　http://www.seizando.co.jp
落丁・乱丁本はお取り換えいたしますので、小社営業チーム宛にお送りください。

©2017　Toshimasa Kawanishi, Kenji Hotta
Printed in Japan　　　　　　　　　　　ISBN978-4-425-56131-5

成山堂書店発行　造船関係図書案内

和英英和船舶用語辞典	東京商船大学船舶用語辞典編集委員会 編	B6・608頁・5000円
新訂 船と海のQ＆A	上野喜一郎 著	A5・248頁・3000円
海洋構造力学の基礎	吉田宏一郎 著	A5・352頁・6600円
LNG・LH2タンクシステム	古林義弘 著	B5・392頁・6800円
船体と海洋構造物の運動学	元良誠三 監修	A5・376頁・6400円
氷海工学－砕氷船・海洋構造物設計・氷海環境問題－	野澤和男 著	A5・464頁・4600円
造船技術と生産システム	奥本泰久 著	A5・250頁・4400円
英和版 新船体構造イラスト集	惠美洋彦 著/作画	B5・264頁・6000円
超大型浮体構造物の構造設計	（社）日本造船学会 海洋工学委員会構造部会編	A5・304頁・4400円
流体力学と流体抵抗の理論	鈴木和夫 著	B5・248頁・4400円
海洋底掘削の基礎と応用	（社）日本船舶海洋工学会 海洋工学委員会構造部会編	A5・202頁・2800円
SFアニメで学ぶ船と海－深海から宇宙まで－	鈴木和夫 著/逢沢瑠菜 協力	A5・156頁・2400円
船舶で躍進する新高張力鋼－TMCP鋼の実用展開－	北田博重・福井努 共著	A5・306頁・4600円
海洋建築シリーズ 水波工学の基礎	増田・居駒・惠藤 共著	B5・148頁・2500円
海と海洋建築 21世紀はどこに住むのか	前田・近藤・増田 編著	A5・282頁・4600円
船舶海洋工学シリーズ① 船舶算法と復原性	日本船舶海洋工学会 監修	B5・184頁・3600円
船舶海洋工学シリーズ② 船体抵抗と推進	日本船舶海洋工学会 監修	B5・224頁・4000円
船舶海洋工学シリーズ③ 船体運動 操縦性能編	日本船舶海洋工学会 監修	B5・168頁・3400円
船舶海洋工学シリーズ④ 船体運動 耐航性能編	日本船舶海洋工学会 監修	B5・320頁・4800円
船舶海洋工学シリーズ⑤ 船体運動 耐航性能初級編	日本船舶海洋工学会 監修	B5・280頁・4600円
船舶海洋工学シリーズ⑥ 船体構造 構造編	日本船舶海洋工学会 監修	B5・192頁・3600円
船舶海洋工学シリーズ⑦ 船体構造 強度編	日本船舶海洋工学会 監修	B5・242頁・4200円
船舶海洋工学シリーズ⑧ 船体構造 振動編	日本船舶海洋工学会 監修	B5・288頁・4600円
船舶海洋工学シリーズ⑨ 造船工作法	日本船舶海洋工学会 監修	B5・248頁・4200円
船舶海洋工学シリーズ⑩ 船体艤装工学	日本船舶海洋工学会 監修	B5・240頁・4200円
船舶海洋工学シリーズ⑪ 船舶性能設計	日本船舶海洋工学会 監修	B5・290頁・4600円
船舶海洋工学シリーズ⑫ 海洋構造物	日本船舶海洋工学会 監修	B5・178頁・3700円

最新総合図書目録無料進呈　　　　※定価は本体価格（税別）